枣庄市主要经济林树种无公害生产技术规程

ZAOZHUANGSHI ZHUYAO JINGJILIN SHUZHONG WUGONGHAI SHENGCHAN JISHU GUICHENG

刘加云 ◙ 主编

中国林业出版社

图书在版编目（CIP）数据

枣庄市主要经济林树种无公害生产技术规程 / 刘加云主编. —北京：中国林业出版社，2015.4

ISBN 978-7-5038-7922-7

Ⅰ.①枣… Ⅱ.①刘… Ⅲ.①经济林-树种-生产-规程-枣庄市 Ⅳ.①S727.3-65

中国版本图书馆 CIP 数据核字（2015）第 058745 号

责任编辑：张 华 何增明

出版 中国林业出版社（100009 北京市西城区德内大街刘海胡同 7 号）
E-mail：shula5@163.com 电话：（010）83143566
发行 中国林业出版社
印刷 北京卡乐富印刷有限公司
版次 2015 年 5 月第 1 版
印次 2015 年 5 月第 1 次
开本 787mm×1092mm 1/16
印张 9
字数 219 千字
定价 49.00 元

《枣庄市主要经济林树种无公害生产技术规程》

编辑委员会

前　言

经济林生产是枣庄市种植业的重要组成部分，已成为农民脱贫致富、奔小康、建设社会主义新农村的支柱产业之一。对发展农村经济、增加农民收入、提高城乡人民生活水平、增进身体健康、改善生态环境等均起到了重要作用。

随着人民生活水平的不断提高和消费观念的转变，追求安全和产品的品质质量，已成为广大人民群众的普遍要求和热切期盼。因此，生产优质、安全、无公害的果品迫在眉睫，是果品增值和市场开发的热点。所以，提高果品质量是经济林产业发展的必然选择。无公害果品的生产技术有别于普通果品的生产技术，由于工农业的迅速发展，工业“三废”和城镇生活废弃物大量增加，农药、肥料等的不合理使用，使果品受到污染，品质受到影响，果品中毒害物质残留超出安全范围的现象比较普遍，这些问题已引起了政府和社会各界的高度重视。

枣庄市在果品生产上还缺少统一规范的无公害生产技术规程，致使无公害果品生产缺乏必要的生产依据。为满足无公害果品生产的需要，提高果品的食用安全性，保障人体健康和生命安全，提高市场竞争力，枣庄市林业局组织全市林业工程技术人员，在总结枣庄市经济林生产经验和新技术、新成果应用的基础上，参阅了大量相关资料，参照国家、行业、地方等有关无公害果品生产标准，结合枣庄市地理、气候特点和果树生产的实际状况，编制了11个经济林树种的无公害生产技术规程。该无公害生产技术规程，贯穿了生产的产前、产中、产后的全过程，具体介绍了优良品种选择、无公害丰产园的建立、土肥水管理、整形修剪、花果管理、主要病虫害防治、适期采收、贮藏保鲜、运输等内容，尤其是化肥和化学农药的使用，严格按照国家标准，规定了不同生长期允许使用的种类、数量、浓度，明确了禁用种类、限制使用种类、收获前停用的时间等，为最大限度地减低化肥、农药的残留污染提供保证。该无公害生产技术规程，涉及树种多，紧密结合了枣庄市的气候、地理特点，希望对广大果农和果树生产技术推广工作者有所帮助。在该系列无公害生产规程的编写过程中，得到了枣庄市财政局的大力支持；山东省果树研究所、山东农业大学、山东省林业厅经济林站等有关专家给予指导，并提出了许多宝贵意见；枣庄市质量技术监督管理局邀请了省内有关专家，对初稿做了细致的审核修改，进行了发布，在此一并致谢！

由于水平所限，经验不足，缺点和遗漏在所难免，恳请专家、同行和读者不吝赐教。

编者

2014 年 12 月

目　录

DB3704

枣　庄　市　地　方　规　范

DB3704/T 001—2014

无公害枣生产技术规程

2014-09-10 发布　　　　2014-09-10 实施

枣庄市质量技术监督局　　发　布

前　言

本标准按照 GB/T 1.1－2009 给出的规则起草。

本标准由枣庄市林业工作站提出。

本标准由枣庄市林业局归口。

本标准起草单位：枣庄市林业工作站、山亭区果树中心。

本标准起草人：刘加云、杨卫山、高冰、张伟、刘亚。

无公害枣生产技术规程

1 范围

本标准规定了无公害枣(*Ziziphus jujuba*)生产的园地选择与规划、品种、砧木与苗木选择、栽植、土肥水管理、整形修剪、花果管理、病虫害综合防治、采收。

本标准适用于枣庄市行政区域内的无公害枣的生产。

2 规范性引用文件

下列文件对于本文件的应用是必不可少的。凡是注日期的引用文件，仅所注日期的版本适用于本文件。凡是不注日期的引用文件，其最新版本(包括所有的修改单)适用于本文件。

GB 4285 农药安全使用标准

GB/T 8321(所有部分) 农药合理使用准则

NY/T 393 绿色食品 农药使用准则

NY/T 394 绿色食品 肥料使用准则

NY/T 496 肥料合理使用准则通则

CB/T 3095 大气环境质量标准

GB 5084 《中国土壤环境背景值》1、2 级标准

3 园地选择与规划

3.1 园地选择

无公害枣产地应选择生态条件良好、远离污染源的地方。平原地区以地势平坦、光照充足、土层深厚疏松、肥沃、透气、排水良好、pH6.5～8.5、总盐量低于0.3%的壤土或沙壤土建园最佳；丘陵、山地枣园应选择阳坡或半阳坡，坡度以5°～20°为宜。园地不要处于风口，地下水位不能高于2m，土层厚度60cm以上。沙性重、肥力差的土壤，宜栽植鲜食和长势较强的品种；重黏土通气性差，一般不宜栽植枣树；黏壤土则适于制干和蜜枣品种的栽培。土壤环境质量应达到中国环境质量监测总站编写的《中国土壤环境背景值》中1、2级标准，见表1；大气环境质量符合国家(CB/T 3095)标准中规定的一级标准，见表2；灌溉水清洁无污染，符合(GB 5084)标准规定中的1、2级，见表3。

表 1　无公害枣园土壤环境质量标准(mg/kg)

分级	汞	镉	砷	铅	铬	六六六(HCH)	滴滴涕(DDT)
1	≤0.24	≤0.2	≤13.0	≤22.5	≤70.0	≤0.1	≤0.2
2	0.24~0.30	0.2~1.1	13.0~47.0	22.5~420	70.0~560	0.1~0.2	0.2~0.3

表 2　大气环境质量标准

污染物	浓度限值(mg/L)			
	取值时间	一级标准	二级标准	三级标准
总悬浮颗粒	日平均 任何一次	0.15 0.30	0.30 1.00	0.50 1.50
飘尘	日平均 任何一次	0.05 0.15	0.15 0.50	0.25 0.70
二氧化硫	年日平均 日平均 任何一次	0.02 0.005 0.15	0.06 0.15 0.50	0.10 0.25 0.70
氮氧化物	日平均 任何一次	0.05 0.10	0.10 0.15	0.15 0.30
一氧化碳	日平均 任何一次	4.00 10.00	4.00 10.00	6.00 20.00
光化学 氧化剂(O_3)	1h 平均	0.12	0.16	0.20

表 3　农田灌溉用水质量标准

水质指标	标准	水质指标	标准
pH	6.5~8.5	镉，mg/L　≤	0.002
Ec 值(×10)，mS/L　≤	750	砷，mg/L　≤	0.1
大肠菌群，个/L　≤	10000	铅，mg/L　≤	0.5
氟，mg/L　≤	2.0	铬，mg/L　≤	0.1
氰，mg/L　≤	0.5	六六六(HCH)，mg/L　≤	0.02
氯，mg/L　≤	200	滴滴涕(DDT)，mg/L　≤	0.02
汞，mg/L　≤	0.001		

注：1 级为未污染，污染指数≤0.5；2 级为尚清洁，属标准限量内，污染指数 0.5~1。

3.2　园地规划

枣园规划包括作业区、道路和果园生产用房，配备果园排灌设施，配药池等。总的要求栽植区面积不低于 85%，道路、沟渠 6%~8%，防护林 1%~5%，其他 1%~5%。平原地南北行向栽植，山地沿等高线栽植。枣园四周设置防护林带。

4 品种、砧木与苗木选择

4.1 品种选择

制干品种有：‘长红枣’、‘圆铃新1号’、‘圆铃新2号’、‘金丝1号’、‘金丝2号’、‘金丝3号’、‘金丝4号’；鲜食品种有：‘伏脆蜜’、‘大瓜枣’、‘大白铃’、‘六月鲜’、‘冬枣’、‘孔府酥脆枣’等。

4.2 砧木选择

砧木选择包括本砧和酸枣砧两种。本砧指根蘖苗和用种核育成的实生苗，酸枣砧可用野生苗或在苗圃培育实生苗。以本砧为最佳。

4.3 苗木选择

选用二年生优质壮苗，要求苗木健壮、品种纯正、无病虫害、根系发达完整。根蘖苗要求有一段20cm长的母根，苗木有4~6条以上直径2mm以上的细根；实生砧嫁接苗要有6~8条以上的细根。苗高100cm以上，根茎直径1cm以上，顶梢成熟良好，全株无病虫害。上部分枝和顶芽应尽量保留。根与茎无干缩皱皮及损伤，砧穗结合愈合良好，砧桩剪口完全愈合。栽前首先将根系进行修剪，再用1~3号ABT生根粉50~100mg/kg水溶液泡浸1~3h，利于伤根愈合，发芽早，成活率高。

4.4 授粉树选择

‘长红枣’可以与圆铃枣相互授粉，金丝枣可以与‘大瓜枣’、‘大白铃’相互授粉。一般3~4行主栽品种栽1行授粉树或在行内每隔8~10株夹栽1株授粉树。

5 栽植技术

5.1 栽植时期

秋栽时间在落叶后至11月上中旬，以早栽为宜。春栽时间在3月底至4月中旬，以晚栽为宜。

5.2 栽植密度

新建枣园土壤肥力较好，管理水平中等，株行距可为3m×4m、3m×5m或4m×5m；早期丰产园，株行距可采用2m×3m，2m×4m，3m×3m；丘陵、山坡、河滩地一般株行距3m×4m、4m×5m；枣粮间作，株行距为(3~4)m×(10~15)m为宜。

5.3 栽植方式

平原地一般以长方形、三角形栽植为宜；丘陵地、山地一般以等高栽植为宜；枣粮间作以双行栽植为宜。

5.4 栽植方法

栽前整平土地，按株行距挖树穴或栽植沟，深60~80cm，直径100cm，将表面10~20cm的熟土与底层生土分开放置。沟穴底部填30cm厚的作物秸秆，将挖出的底层土掺上腐熟的有机肥(每株20~25kg)、磷肥(过磷酸钙，每株1~2kg)、钾肥(硫酸钾，每株0.1~0.2kg)充分混匀，回填沟穴中，待填至距地面20cm，踩实灌水浇透沉实，然后覆上一层表土保墒。栽植时挖深、宽各30cm的栽植穴，将苗放入中央，使根系充分舒展，填土至穴深的1/2时提苗，舒展根系、防窝根，踩实后填土至与苗木根茎处的原土痕印持平，然后踩实，沿树周围作成80~100cm的树盘，浇透水，水渗后覆盖地膜保墒。

6　土肥水管理

6.1　土壤管理

6.1.1　深翻扩穴改土

于每年秋季果实采收后结合施基肥进行。在定植穴外挖环状沟或在定植沟外挖平行沟，沟宽 80cm、深 60cm。以后每年在同一时间依次向外继续深翻，直到全园深翻一遍为止，土壤回填时，表土混合腐熟的有机肥放下部，填后充分灌水，使根与土壤密切接触。

6.1.2　中耕

在生长季节降雨或灌水后，应及时中耕松土，中耕深度 5 ~ 10cm。

6.1.3　覆草

山地果园可采用覆草制，覆草一般在春季施肥、灌水后进行，也可在 6 月 10 日后进行，春季覆草以不影响地温回升的前提下进行。覆盖用草可选用麦秸、麦糠、玉米秸、杂草等。将草覆盖在树冠下，厚度 15 ~ 20cm，其上和边缘压少量土，注意根茎周围 10 ~ 20cm 以内不要覆草。连覆 3 ~ 4 年后翻一次，也可结合深翻开沟埋草。

6.1.4　行间生草

灌溉条件好的果园提倡行间生草。在树行间种植草带，可选择三叶草、草木樨、毛叶苕子、田菁、黑麦草、百脉根等。每年刈割 3 ~ 6 次，留茬高 8 ~ 10cm。将割下的草撒覆于树盘，也可作绿肥进行翻压。

6.1.5　间作

定植 1 ~ 3 年内，行间可合理间作矮秆作物，如豆类、花生、草莓等，进入结果期后，禁止间作。

6.1.6　穴贮肥水

山地果园因灌溉、肥力条件较差，提倡穴贮肥水。方法是在其树冠投影边缘向内移 50 ~ 70cm 挖穴，穴数依树冠大小而定，一般冠径 4m 左右挖 4 个穴，冠径 6 ~ 8m 挖 6 ~ 8 个穴，穴径 20 ~ 30cm，深 40cm。在穴内放置直径 20cm 的草把，长度低于穴口 3 ~ 5cm，可选用麦秸、谷草等，上下两道绑紧，捆好后放在水中浸泡，放在穴中央，掺入 5kg 土杂肥和 150g 过磷酸钙、100g 尿素，灌水 4 ~ 5kg，填土踩实、整平，最后覆盖地膜，每穴盖 1.5 ~ $2m^2$，膜边缘用土压严，中央正对草把上端穿一小洞，用石块堵住，以便将来浇水灌肥。肥穴一般可维持 2 ~ 3 年，地膜破后应及时更换，再次挖穴时更换位置，以扩大改良面积。

6.2　施肥

6.2.1　肥料种类

必须以使用经过腐熟的有机肥料为主，禁止使用城市生活垃圾、医院粪便和含有有害物质的工业垃圾；禁止使用硝态氮肥，最后一次施肥或叶面喷肥，必须在果实采收前 30 天完成。

提倡使用商品有机肥料、微生物肥料。允许使用有机肥料（厩肥、绿肥、沼气肥、作物茎秆的肥等）；有机复合肥；微生物肥料（根瘤菌、固氮肥、磷细菌、复合菌、硅酸盐细菌等）；腐殖酸类肥料（泥炭、风化煤等）；无机（矿质）肥料（硫酸钾、矿物钾肥、钙镁磷肥）；叶面肥料（微量元素肥、植物生长辅助物质等）；其他有机肥料等。

6.2.2　施肥时期

基肥：春秋两季均可施入，但以秋施为好，采收后结合土壤改良一并进行。

追肥：追肥注重三个时期，萌芽前、开花前追肥以氮肥为主；幼果期以复合肥为主。

6.2.3　施肥方法

6.2.3.1　条状沟施

距树干 60～80cm 以外沿树行一侧或两侧挖深、宽各 50cm 的条状沟，底土、生土分放，以不伤根系为宜，施到吸收根系分布最广的部位。底部施入秸秆等物，中部将各种肥料与表土混匀填入，上部用心土填平，施后浇水。

6.2.3.2　放射沟施

从距树干 60～80cm 处开始，以树干为中心，向外均匀挖 5～8 条放射状沟，注意内浅外深、内窄外宽，深宽一般为 30～50cm。

6.2.3.3　环状沟施

在树冠投影处向外挖一宽、深各为 40～60cm 的环状沟，在沟内施肥。

6.2.3.4　全园撒施

丰产期的枣园，可将有机肥全园撒入，并及时深翻 20～30cm。

6.2.3.5　穴施

在树冠以外挖 3～8 个穴，深和直径各 30～60cm，将肥施入，肥多、树大，穴可增多。此法多在缺水地区采用。

6.2.4　根外追肥

花前、花期和幼果期可喷施 0.2%～0.5% 硼砂，0.3% 尿素或 0.5% 磷酸铵等；果实生长期可喷施 0.5% 磷酸铵、0.3% 磷酸二氢钾或 5% 草木灰浸出液等；采果后，隔 10～12 天连喷两次 0.5% 尿素加 0.4% 磷酸二氢钾。土壤缺锌、缺铁的地区，还可在发芽展叶期，喷施 1～2 次 0.3% 硫酸锌或 0.3%～0.5% 硫酸亚铁水溶液。

6.2.5　施肥量

6.2.5.1　基肥量

1～3 年生幼树，每株应施有机肥 20～30kg；4～8 年生结果树，施有机肥 30～80kg，过磷酸钙 1～2kg，尿素 0.2～0.5kg；进入盛果期，多采用以产定肥的施肥方法。每生产 100kg 鲜果，施有机肥 100～150kg，折合需施纯氮 1.6～2kg，纯磷（P_2O_5）0.9～1.2kg，纯钾（K_2O）1.3～1.6kg。其中有机肥占 4/5～2/3。

6.2.5.3　追肥量

萌芽前，每株可施磷酸二铵 1.0～2.0kg；开花前，每株可施磷酸二铵 0.5～1.0kg、硫酸钾 0.5～1.0kg；幼果期，可施磷酸二铵 0.5～1.0kg、硫酸钾 1.0～2.0kg。

6.2.5.4　平衡施肥

枣树氮、磷、钾的比例以 1:1:0.75 为宜。萌芽至开花期是需氮的旺盛期，占总量的 70%，果实膨大至成熟期需磷钾肥较多，磷钾肥的施入量占总量的 60%～85%。

6.3　水分管理

6.3.1　灌水时期

枣园灌溉用水要求 pH6.5～8.5，符合国家规定的农田灌溉用水标准 GB 508 的要求。枣树灌水分为以下 4 个时期：

①萌芽水。在4月中旬结合施肥灌一次透水。

②开花水。一般在5月中下旬进行。

③促果水。落花后至幼果迅速生长期(6月中旬至7月上旬)。

④封冻水。一般在11月中下旬封冻前进行。

6.3.2 灌水方法

灌水方法分为：沟灌、穴灌、树盘灌、喷灌、滴灌等。

6.3.3 枣园排水

雨季枣园应挖排水沟，确保排水通畅、避免枣园涝灾。

7 整形与修剪

7.1 树形

7.1.1 小冠疏层形

干高50~60cm，树高2.5~3m，主枝两层，全树呈透光良好的圆锥形。第一层主枝4个，长1.2~1.5m，基角60°~70°，每主枝有1个侧枝。第二层主枝2~3个，长1~1.2m，与下层主枝间距80~100cm，基角45°左右，不留侧枝。第二层主枝以上保留中干，长1~1.2m。主侧枝和中干枝上培养结果枝组，同侧间距40~60cm，每个枝组长30~80cm。主侧枝背上结果枝组高度控制在30~40cm以内，4~5年完成整形。适用于密植栽培。

7.1.2 主干疏层形

干高1~1.4m，全树高5~6m，有三层主枝。第一层主枝3~4个，用1~2年选留培养，基角由50°~60°逐渐加大到70°~80°，每个主枝留养2~3个侧枝，间距60~70cm。第二层主枝2~3个，与第一层间距1.2~1.5m，基角50°~60°。每个主枝培养1~2个侧枝。第三层以上可留中干，也可去除开心。结果枝组按同侧间距50~60cm培养，长60~100cm。适于一般枣园和枣粮间作应用。

7.1.3 开心形

干高1~1.4m，树高5m左右，主枝一层，3~4个，基角30~40°，树冠中心不留主干，每一主枝的侧外方配置1~2个侧枝，结果枝组均匀分布在主侧枝上，7~9年成形。适用于树冠中等大、发枝力较强的品种。

7.1.4 纺锤形

主干高40~50cm，树高2.5m左右，主枝8~10个，均匀排列在中心主干上，不分层，不重叠，主枝长1m左右，冠径2~2.5m。树冠下部培养大型枝组，上部培养中小型枝组，全树呈下大上小、下宽上窄、下粗上细的纺锤形。一般适用于矮化密植丰产枣园。

7.2 修剪

7.2.1 幼树修剪

7.2.1.1 定干

密植园定干高度为60~80cm，间作为120~150cm，定干多采用清干法，即自下而上疏除树干上的二次枝和过低的发育枝，留出所需的树干高度。

7.2.1.2 选留培养骨干枝

在主干适当的部位选留健壮的发育枝，用撑、拉、别等方法，调整延伸方向和开张角度，培养为主枝。在主枝的适当部位，用摘心、重截发育枝、刻芽、拉枝等方法选留培养侧枝。

7.2.1.3　配置与培养结果枝组

用培养骨干枝的方法自下而上，在主侧枝的两侧和背下选留，促生发育枝，并控制其长势，使之成为结果枝组，相邻枝组的结果基枝互不连接为宜。

7.2.2　结果树修剪

注意控制发育枝的数量和枝叶密度，保持全树通风透光良好，有计划地培养和更新结果枝组，使结果枝组年年保持健壮。疏除交叉、并生、徒长、过密的发育枝，打开光路；回缩一部分下垂的骨干枝，提高枝条角度复壮长势；除主、侧枝延长枝外，对其余的发育枝视空间大小进行短截，控制生长和枝组扩展，不致扰乱枝系层次并使保留的枝芽不致早衰，延长结果年限。

7.2.3　衰老树修剪

对光秃的骨干枝进行回缩，截除枝长的 1/3 ~ 1/2 以上，回缩到生命力较强的枣股或新生枣头处。对残缺衰败的结果枝组，只保留完整的基枝和壮龄枣股，截疏光秃的枝段。骨干枝的锯口用石蜡或油漆涂抹保护。更新复壮期间，对新抽生的枣头，可按幼树整形修剪的原则和方法选留培养骨干枝的延长枝和新的结果枝组。

7.2.4　夏季修剪

注重夏季修剪，常用的有枣头摘心、枣吊摘心、疏枝、拉枝等方法。

8　花果管理技术

8.1　提高坐果技术

8.1.1　树干环剥

在枣树盛花期进行，即从全树大部分枣吊开放 4 ~ 5 朵花开始，到开花量占总蕾数的 30% 时结束。初次开甲应在树干距地面 20 ~ 30cm 的部位，选光滑处进行。以后每年在上一年的环剥口以上 3 ~ 5cm 处再环剥一次。当环剥至接近第一主枝时，再从树干下部逐年向上进行。先刮去老树皮，再环切深达木质部，而后取下环切之间的韧皮部组织。切割时，要求伤口平整光滑，不伤木质部。下缘切口要向外倾斜，防止积聚雨水。环剥宽度视树龄和树势灵活掌握，以树干、枝干直径的 1/10 为宜，环剥口在 1 个月左右愈合为好。成龄壮树 5 ~ 10mm 左右，幼龄初果期 3 ~ 5mm，弱树以及 3 年生以下幼树严禁开甲。开甲后注意伤口保护，以防虫害，使伤口适时愈合，一般采用涂药、抹泥和绑缚塑料薄膜等方法。涂药方法是于伤口处每隔 10 天左右涂抹 1 次杀虫剂，连续涂抹 2 次。伤口抹泥是于开甲 15 天以后，用泥将伤口抹平，既可防虫害，又能增加湿度有利于伤口愈合。绑缚塑料薄膜是于开甲后在伤口处缠缚塑料薄膜，起到保护伤口、促进愈合的作用。

8.1.2　花期喷施

在盛花期的傍晚喷水，一般喷次 3 ~ 4 次，两次间隔 3 ~ 5 天。可结合叶面喷肥一起进行。干旱年份可适当增加喷水次数。喷植物激素和微量元素。盛花初期喷 10 ~ 15mg/kg 的赤霉素，一般一次即可。喷布后 3 ~ 5 天内，若遇阴雨等不良天气导致坐果不理想时，可加喷一次。花期亦可喷布 0.3% ~ 0.5% 的硼砂或硼酸。

8.1.3 摘心、短截发育枝

第一次在花前摘除发育枝和其下部2个基枝的嫩梢；5～7天后摘除发育枝中上部基枝和开始开花的结果枝的嫩梢；再过5～7天，对未摘心的少数结果枝全都摘心。严密控制所有枝系的营养生长，促进坐果。幼树发育枝生长70～80cm，二次枝5～7节及枣吊长到25cm时摘心。

8.1.4 枣园放蜂

花期放蜂，蜂场应均匀分布在枣园中，蜂箱与枣树的距离不宜超过150～200m。每10亩①枣园放置一箱蜜蜂，放蜂期间禁止打药。

8.2 疏果

疏果分两次进行。第一次6月20日左右进行幼果疏除，第二次于7月初进行定果。大果型强壮树1吊留2果，中庸树1吊留1果，弱树2吊留1果；小果型强壮树1吊留2～3个果，中庸树1吊留1～2个果，弱树1吊留1个果，对于木质化枣吊，其养分足，坐果能力强，留果量可适当多些。

8.3 采前防落果

采前喷施防落素抑制采前生理落果，在果实白熟期前10天左右和白熟后期各喷一次20mg/kg防落素。喷激素时应在傍晚进行，同时注意果面、果柄要喷布均匀。

9 病虫害综合防治

9.1 主要病害防治

9.1.1 枣锈病

注意清除落叶、病果，并集中烧毁，以减少翌年病源。疏除过密枝，改善冠内及行间通风透光条件，降低病菌侵染机会；7月中旬及8月上旬各喷一次倍量式波尔多液。发病期喷50%粉锈宁800～1000倍液或75%百菌清600～800倍液1～2次。

9.1.2 枣疯病

发现病株，及时清除烧毁。

9.1.3 炭疽病

冬季清扫落地的枣吊、枣叶并深埋。集中烧毁冬剪剪除的病虫枝及枯枝；增施有机肥及磷钾肥，改良土壤结构，提高植株的抗病能力。幼果期喷洒40%多菌灵600倍或75%百菌清700倍液1～2次，7月下旬至8月上旬喷洒2次倍量式波尔多液。

9.1.4 枣褐斑病

清除落地僵果深埋，结合冬夏剪及时疏除枯枝、虫枝集中烧毁，减少病源。发芽前15天喷一次铜制剂。6月下旬至9月底，每隔15天喷一次50%扑海因1000倍或50%退菌特600～800倍液。

---

① 注：1亩＝$1/15hm^2$

9.2 主要虫害防治

9.2.1 枣尺蠖

早春成虫即将羽化时，在树干中下部刮去老粗皮，绑宽20cm的薄膜，用2.5%溴氰菊酯1000倍液浸泡草绳，晾干后捆绑薄膜中部，将薄膜上方向下反卷成喇叭形，杀死上树的雄蛾和雌虫，待达到一定数量时，人工捕捉或药剂毒杀。

生物防治：在幼果期(3龄前)，可喷施苏云金杆菌(B.t.)1000倍液，或用25%灭幼脲3号1000倍液防治。

9.2.2 枣黏虫

在主枝基部绑草把，诱集越冬幼虫在草把内化蛹，11月份取下集中焚烧。灯光诱杀，在成虫发生盛期，利用其趋化性和趋光性，采用黑光灯、糖醋液诱杀。雄虫对性诱惑敏感，可用性诱剂捕杀。在幼虫发生期，喷施1000倍液的B.t.乳剂。

9.2.3 枣瘿蚊

在越冬成虫羽化前或老熟幼虫入土期，在树干周围1m的地面喷洒50%辛硫磷乳油，每亩喷洒0.5kg，随后浅锄，消灭越冬成虫或蛹。危害期(5月上旬)及时喷灭幼脲3号2000倍液进行防治，每隔10天喷1次，连喷3次。

9.2.4 山楂红蜘蛛

休眠期刮树皮并集中烧掉，能有效降低越冬螨数量。发芽前喷5波美度石硫合剂；萌芽时喷0.5波美度石硫合剂。5月以后，根据虫情测报，当叶平均螨量0.5头以上时，可喷40%扫螨净2000倍液或1.8%阿维菌素3000～5000倍液。

9.2.5 桃小食心虫

用性诱剂诱杀成虫；成虫羽化出土前，可用50%辛硫磷300倍液对树冠下的土壤进行地面封闭，以毒杀羽化出土的成虫。喷洒辛硫磷后，要浅锄土地，以免药物见光分解。在成虫发生期或卵的孵化盛期，可用25%灭幼脲3号1000～1500倍液喷洒树冠。在幼虫发生期喷1000倍B.t.乳剂进行防治。

9.2.6 黄刺蛾

结合冬季修剪剪除树枝上的越冬茧，消灭越冬虫源。生物防治：在幼虫发生期树上喷施1000倍B.t.乳剂防治幼虫。配药时加入肥皂水或洗衣粉液，以增强黏着力。也可用灭幼脲3号25%悬浮剂2500倍液等药剂进行树冠喷雾。

9.2.7 枣龟蜡蚧

冬季结合修剪，剪除虫枝，在若虫孵出至形成蜡质介壳前，可用40%速扑杀乳油1500倍，连喷2次，其间隔时间10次左右。

9.2.8 草履蚧

冬末早春，若虫上树前采取绑扎塑料裙，在距树干基部20～30cm左右，绑扎一条20cm宽塑料裙，用细线扎紧，光滑的薄膜可将若虫阻隔在树干基部，然后集中消灭；涂毒环：在塑料裙上涂10～15cm宽的毒环。配方为羊毛脂加废机油加农药(敌杀死或绿色功夫)，按1:5:0.01的比例熬制而成。配制时先烧热废机油，加入羊毛脂溶化，最后加入农药搅拌均匀即可。

10 果实采收

10.1 采收时期

10.1.1 鲜枣采收时期

冬枣、雪枣、梨枣等用于鲜食和保鲜贮藏的枣，应在初红期和半红期采收，此时果实色泽艳丽，果肉脆甜多汁，耐贮运。

10.1.2 制干枣的采收时期

‘圆铃枣’、‘长红枣’、‘圆铃新1号’、‘圆铃新2号’、‘金丝小枣’等用于制干销售的枣应到半红期和全红期采收。

10.2 采收方法

10.1.1 振摇法

用木杆敲击枣树大枝基部，将枣果振落，用于制干加工的枣果可采用此方法。振枝之前，地上铺塑料布或草帘，便于枣果的收集。

10.1.2 手采法

手工逐个采摘枣果，用于鲜食枣采收。

11 贮藏保鲜技术

11.1 鲜枣贮藏

鲜枣保鲜贮藏适宜的温度是0～－2℃，相对湿度为90%左右，氧气3%～5%，二氧化碳<1%。

11.2 干枣贮藏

枣含水量应保持25%以下。贮藏室要求保持干燥，不透雨漏雨，地面做防潮处理，贮藏过程中注意防虫防鼠和常见粮仓虫害。

附录 A
枣园病虫无公害周年防治历

A.1 2 月底至 3 月上旬休眠期，喷布 3 ~ 5 波美度石硫合剂，防治病虫害。

A.2 3 月下旬至 4 月上中旬萌芽期，喷布 2 ~ 3 次 25% 噻虫嗪 5000 ~ 6000 倍液，或者吡虫啉 1500 ~ 2000 倍液，重点防治枣瘿蚊、盲蝽象等，兼防枣黏虫、枣尺蠖等。

A.3 5 月上中旬花前，喷布灭幼脲 3 号 25% 悬浮剂 2500 倍液 + 20% 螨死净胶悬剂 2000 ~ 2500 倍液（或阿维菌素 1.8% 阿维菌素 3000 ~ 5000 倍液）+ 50% 轮纹宁可湿性粉剂 600 ~ 800 倍液（或 50% 多菌灵 800 ~ 1000 倍液或 70% 代森锰锌可湿性粉剂 800 倍液），重点防治枣瘿蚊、红蜘蛛、枣叶壁虱、枣尺蠖等病虫害。

A.4 6 月 20 ~ 25 日幼果期，喷布 50% 轮纹宁可湿性粉剂 600 ~ 800 倍液（或 50% 多菌灵 800 倍液）+ 25% 噻虫嗪 5000 ~ 6000 倍液 + 0.3% 尿素，重点保护幼果，防止病原菌侵染幼果，是保护幼果的第一遍药，可兼防龟蜡蚧等其他害虫。

A.5 7 月 10 ~ 15 日幼果迅速生长期，喷 50% 轮纹宁可湿性粉剂 600 ~ 800 倍液（或 70% 甲基托布津 800 倍液或 70% 代森锰锌可湿性粉剂 700 ~ 800 倍液）+ 灭幼脲 3 号 25% 悬浮剂 2500 倍液，重点防治桃小食心虫第 1 代，兼防果实叶片病害。

A.6 7 月 15 ~ 20 日，喷 1∶3∶240 倍波尔多液，重点防治锈病，兼防果实病害。

A.7 8 月 5 ~ 10 日果实膨大期，喷布 50% 轮纹宁可湿性粉剂 600 ~ 800 倍液（或 70% 代森锰锌可湿性粉剂 700 ~ 800 倍液，或 80% 大生 M－45 800 倍液）+ 灭幼脲 3 号 25% 悬浮剂 2500 倍液，重点防治桃小食心虫第 2 代，兼防果实、叶片病害。

A.8 8 月 15 日左右，喷布灭幼脲 3 号 25% 悬浮剂 2500 倍液 + 70% 甲基托布津 800 倍液 + 80% 乙膦铝 600 ~ 800 倍液，进一步防治桃小食心虫第 2 代及果实、叶片病害。

A.9 8 月 25 号左右果实白熟期前，喷布 1∶3∶240 倍液的波尔多液。重点防治果实病害，保护叶片。

A.10 9 月 10 号左右果实白熟期至着色，喷布 80% 大生 M－45 800 倍或 50% 轮纹宁可湿性粉剂 600 ~ 800 倍液，防治果实病害的发生。

A.11 9 月底 10 月初果实成熟采收期。主要防治果实病害的发生，采收前 15 ~ 20 天严禁喷布化学农药。

DB3704

枣　庄　市　地　方　规　范

DB3704/T 002—2014

无公害石榴生产技术规程

2014－09－10发布　　　　2014－09－10实施

枣庄市质量技术监督局　发　布

前　　言

本标准按照 GB/T 1.1－2009 给出的规则起草。

本标准由枣庄市林业工作站提出。

本标准由枣庄市林业局归口。

本标准起草单位：枣庄市林业工作站、枣庄市峄城区果树中心、枣庄市市中区林业局。

本标准起草人：刘加云、侯乐峰、郝兆祥、安广池、张建国。

无公害石榴生产技术规程

1 范围

本标准规定了无公害石榴(*Punica granatum*)生产园地选择与规划、品种苗木选择、栽培、土肥水管理、整形修剪、花果管理、病虫害防治和果实采收等技术。

本标准适用于枣庄市行政区域内无公害石榴的生产。

2 规范性引用文件

下列文件对于本文件的应用是必不可少的。凡是注日期的引用文件，仅所注日期的版本适用于本文件。凡是不注日期的引用文件，其最新版本(包括所有的修改单)适用于本文件。

GB 4285 农药安全使用标准

GB/T 8321(所有部分) 农药合理使用准则

NY/T 393 绿色食品 农药使用准则

NY/T 394 绿色食品 肥料使用准则

NY/T 496 肥料合理使用准则通则

3 园地选择与规划

3.1 园地选择

选择背风向阳、排灌方便、土层深厚、富含营养的沙壤土或壤土建园。具体标准为：最低温高于 -17℃；≥10℃的活动积温 3000℃以上；pH6.5~7.5；地下水位低于 1m；20cm 土层内有机质含量 >1.0%；海拔高度不超过 800m，山地坡度以 5°~10°的缓坡最好；土壤环境质量要达到中国环境质量监测总站编写的《中国土壤环境背景值》中 1、2 级标准，见表 1，要求园地周围 5km 内没有污染场所；大气质量优级以上，符合国家(GB/3095)大气环境质量标准中规定的一级标准，见表 2；灌溉水清洁无污染，符合(GB 5084)标准规定中的 1、2 级，见表 3。

3.2 园地规划

土壤肥沃的选择(2.5~3.5)m×(4~5)m 的株行距；土壤肥力中等的选择(2.5~3)m×(3.5~4)m 的株行距。长方形或正方形定植，南北行向，丘陵地沿等高线或梯田堰边栽植。

4 品种、苗木选择

4.1 品种选择

选用大果型、大籽、味甜、抗裂果、耐贮运的优良品种，合理搭配花期相同或相近的品种作授粉品种，传统品种如：‘大青皮甜’、‘大红袍’、‘大马牙’、‘岗榴’等，新选育品种如：‘秋艳’、‘短枝红’、‘霜红宝石’等，主栽和授粉品种的数量按4∶1搭配。

4.2 苗木选择

苗木规格选择1～2年生，生长健壮、地径1cm以上、高1m以上的无病虫害、根系完整无劈裂的苗木。

表1 无公害石榴栽培土壤环境质量标准(mg/kg)

分级	汞	镉	砷	铅	铬	六六六(HCH)	滴滴涕(DDT)
1	0.24	0.2	13.0	70.0	70.0	0.1	0.2

表2 大气环境质量标准

污染物	浓度限值(mg/L)			
	取值时间	一级标准	二级标准	三级标准
总悬浮颗粒	日平均	0.15	0.30	0.50
	任何一次	0.30	1.00	1.50
飘尘	日平均	0.05	0.15	0.25
	任何一次	0.15	0.50	0.70
二氧化硫	年日平均	0.02	0.06	0.10
	日平均	0.005	0.15	0.25
	任何一次	0.15	0.50	0.70
氮氧化物	日平均	0.05	0.10	0.15
	任何一次	0.10	0.15	0.30
一氧化碳	日平均	4.00	4.00	6.00
	任何一次	10.00	10.00	20.00
光化学氧化剂(O_3)	1h平均	0.12	0.16	0.20

表3 农田灌溉用水质量标准

水质指标		标准	水质指标		标准
pH		6.5～8.5	镉，mg/L	≤	0.002
Ec值(×10)，mS/L	≤	750	砷，mg/L	≤	0.1
大肠菌群，个/L	≤	10000	铅，mg/L	≤	0.5
氟，mg/L	≤	2.0	铬，mg/L	≤	0.1
氰，mg/L	≤	0.5	六六六(HCH)，mg/L	≤	0.02
氯，mg/L	≤	200	滴滴涕(DDT)，mg/L	≤	0.02
汞，mg/L	≤	0.001			

注：1级为未污染，污染指数≤0.5；2级为尚清洁，属标准限量内，污染指数0.5－1。

5 栽植

5.1 栽植时期

分为秋栽和春栽两个时期。秋栽在 10 月下旬或 11 月中旬落叶后至封冻前。春栽在 3 月中旬至 4 月中旬，土地解冻后至萌芽前。以春栽最宜。

5.2 整地挖穴施底肥

整平土地，梯田整外堰高、内堰低的形式。地势平坦的地块，采取大穴整地。栽植坑大小一般、宽深各 80cm，坑土一律堆放在行向一侧，表土、心土分开堆放。表土、心土分别混入有机肥后回填。有机肥每穴施用 20kg 及 1～1.5kg 磷肥，肥料符合 NY/T394 的规定。

5.3 栽植方法

大穴回填、浇水沉实后，在栽植坑中挖深、宽各 30～40cm 的小穴，将苗木根系充分展开放入坑内，填土至穴深 1/2 处提苗，舒展根系、防窝根，踩实后填土，栽植深度与苗木根茎处的原土痕印持平。栽后灌足水，使根系与土壤密接，待水渗下后，用土壤封到树的周围，覆盖地膜。

6 土肥水管理

6.1 土壤管理

6.1.1 深翻改土

于每年秋季果实采收后结合施基肥进行。距主干 50cm，在定植穴外挖环状沟或在定植沟外挖平行沟，沟宽 80cm、深 60cm。以后每年在同一时间依次向外继续深翻，直到全园深翻一遍为止，土壤回填时，表土混合腐熟的有机肥放下部，填后充分灌水，使根与土壤密切接触。

6.1.2 中耕除草

在生长季降雨或灌水后，及时中耕除草，保持土壤疏松。中耕深度 5～10cm。

6.1.3 覆草和埋草

覆草可在春季或夏季，覆盖材料可以用麦秸、麦糠、玉米秸、干草等。把覆盖物覆盖在树冠下，厚度 15～25cm，上面压少量土，连覆 3～4 年后浅翻 1 次。覆草时离开树干 20cm。也可结合深翻开深 50～60cm、宽 40～50cm 沟埋草，提高土壤肥力和蓄水能力。

6.1.4 树盘覆膜

早春土地解冻后灌水，划锄后覆膜，以促进地下根系活动。

6.1.5 行间生草

6 年生以上的石榴园为成龄果园，成龄园的行间，不宜再间作作物。可进行行间生草，能有效保持水土，改善土壤结构，提高土地肥力。生草品种有：鼠茅草、苜蓿、黑麦草、白三叶等，生草带宽度不超过 1.5m。

6.2 施肥

6.2.1 肥料种类

以有机肥为主，化肥为辅。应是农业行政主管部门登记或免予登记的肥料，化肥不应对果园环境和果实品质产生不良影响。

6.2.1.1 允许使用的肥料

有机肥料：包括堆肥、沤肥、厩肥、沼气肥、绿肥、作物秸秆肥、泥肥、饼肥等。

商品肥料：包括商品有机肥、腐殖酸类肥、微生物肥、有机复合肥、无机（矿质）肥、叶面肥、有机无机肥等。要符合 NY/T394 要求。

微生物肥料：包括微生物制剂和微生物处理肥料等。

其他肥料：不含有毒物质的食品、鱼渣、牛羊毛废料、骨粉、氨基酸残渣、骨胶废渣、家禽家畜加工废料、糖厂废料等有机物料制成的，经农业部门登记允许使用的肥料。

6.2.1.2 禁止使用的肥料

未经无害化处理的城市垃圾或含有金属、橡胶和有害物质的垃圾；硝态氮肥和未腐熟的人粪尿；未获准登记肥料产品。

6.2.1.3 限制使用的肥料

含氯化肥和含氯复合（混）肥。

6.2.2 施肥技术

6.2.2.1 基肥

秋季果实采收后施入，以有机肥为主，混加少量氮素化肥。施肥量每生产 1kg 果实、施入有机肥 2kg。施用方法是挖放射状沟或在树冠外围挖环状沟，沟深 60 ~ 80cm，宽 40 ~ 50cm，将肥料与土混合均匀后施入沟下部，回填后浇水。

6.2.2.2 土壤追肥

每年 3 次，第一次是花前追肥，以速效氮肥为主；第二次是盛花期和幼果膨大期追肥，此次追肥氮、磷配合，适量施钾；第三次是果实膨大期和着色期追肥，以磷、钾肥为主，施肥量以当地立地条件和施肥特点确定。结果树一般每生产 100kg 果实，需追肥纯氮 0.8kg、纯磷 0.4kg、纯钾 0.9kg。施肥方法是树冠下开沟，沟深 15 ~ 20cm，追肥后及时灌水。最后一次追肥在距果实采收期 30 天以前进行。

6.2.2.3 叶面肥

全年 4 ~ 5 次，一般生长前期 2 次，以氮肥为主，后期 2 ~ 3 次，以磷、钾肥为主。常用肥料浓度：尿素 0.3% ~ 0.5%，磷酸二氢钾 0.1% ~ 0.3%，硼砂 0.2% ~ 0.4%。最后一次叶面喷肥要距离果实采收期 20 天以前进行。

6.3 水分管理

灌溉水的质量应符合 GB5084 要求。

6.3.1 灌水时期

灌水分为 4 个时期，即 3 月份萌芽前灌萌芽水；5 月下旬灌花前水；6 月下旬、8 月中旬灌催果水；采果后封冻前灌封冻水。

6.3.2 灌水方式

灌水方式可分为地面灌水、地下灌水、空中灌水 3 种。地面灌水法：有行灌、分区灌、树盘灌、穴灌、环状沟灌；地下灌水法：即在地下设置多孔的输水管道，进行渗灌；空中灌水法包括喷灌和滴灌。灌水方式可根据当地实际地形地势条件，灵活运用。成熟前 10 ~ 15 天直至成熟采收不要灌水，以免裂果。

6.3.3 排水

平原地石榴园在雨季必须采取挖排水沟的方式排水防涝。

7 整形修剪

7.1 树形

7.1.1 自然开心形

自然开心形是单干式三主枝的树形。全树有一个高30～60cm的主干，主干上着生三个方位角互为120°的主枝。主枝与主干延伸轴线的夹角为50°～60°。每个主枝上分别配置1～2个大型侧枝。第一侧枝距主干50～60cm，第二侧枝距第一侧枝40～50cm。全树共有3个主枝，3～6个侧枝。围绕侧枝上配生20～30个大中小型结果枝组（小枝）。3～4年后，树高和冠幅控制在2～2.5m，呈自然半圆开心形。这种树形适于山地、丘陵地，株行距为2m×3m的栽植密度。

7.1.2 双主干开心形

双主干开心形是沿地表分生两个主干，相互间呈80°～100°夹角的树形。两主干与地面间的夹角为40°～50°。每一主枝上分别配置2～3个较大侧枝。第一侧枝距根际约60～70cm，第二和第三侧枝相互间距50～60cm，同侧的侧枝相距100～120cm。在各主、侧枝上，分别着生大中小型结果枝组15～20个。该树形4～5年成型，形成后全树共有2个主干，4～6个侧枝，30～40个大中小型结果枝组。这种树形较大，适于株行距为(2～2.5)m×(3～3.5)m的密度。

7.1.3 三主干开心形

三主干由地面直接生出。全树具3个相互方位角为120°的主干，每个主干与地平面的夹角为40°～45°。每个主干分别配生3～4个大侧枝，每一侧枝距地面60～70cm，其他相邻侧枝间距50～60cm。在每个主干和侧枝上，分布15～20个大中小型结果枝组。该树4～5年成型，形成后全树共3个主枝，6～12个侧枝，45～60个各型结果枝组。3个主干因直接由地面发生，故树冠较矮，呈自然开心圆头形。这种树形适于密植果园，株行距为2m×3m。

7.2 修剪

7.2.1 不同时期修剪

7.2.1.1 冬季修剪

在落叶后至萌芽前进行，又称休眠期修剪。对大枝按照“三稀三密”的原则进行，合理调整主枝以及侧枝间的距离，使小枝（枝组）有养生的空间，采用疏、拉手法，开张大枝角度及间距。三主枝以侧枝间距达到80～100cm，主枝和侧枝与垂直主干所成角度要求达到60°左右；小枝处理采用疏剪的方法，使小枝（大小枝组）在树冠上分别呈上稀下密、外稀内密，大枝稀、小枝密的状态。要求小枝间互不交叉、互不重叠和留有空余；对结果母枝处理标准掌握，每平方米树冠面积留粗度0.5cm以上的结果母枝8～12个。

7.2.1.2 夏季修剪

夏季修剪是在6～7月进行。主要修剪任务是：疏果，6月上中旬，一、二茬花的幼果坐好后，用疏果剪剪去双果中的小果，只留1个大果，疏除全部的病虫果和畸形果；疏枝，及时疏除密生、徒长和有病虫的多余萌枝。要求疏枝后树下光斑面积占全树投影面积的10%～15%；再就是开张角度，保持树冠通风透光，长势中庸。

7.2.1.3　秋季修剪

8～10月石榴旺树往往萌发二次和三次新梢，因此，要继续疏去密生、徒长、萌蘖和有病虫的枝条。

幼旺树结合秋施基肥，将地表浅层部分根系切断，抑制旺长。

7.2.2　修剪方法

修剪的方法应多疏少截。包括疏枝、短截、缩剪、长放、开角、摘心抹芽与除萌，造伤（环切、环剥、倒贴皮、绞缢、刻伤），因目的不同，灵活应用。

7.2.3　不同树龄修剪

7.2.3.1　幼树及初果期树

定植后1～2年，夏季抹芽、摘心，冬季拉枝。

3～4年以培养树型骨架为目的，促使树冠的扩大。具体剪法是：①根据所要培养的树型特点，选留好骨干枝的方位、角度、长度及层间距；对树干基部着生的纤细枝、萌蘖枝一律疏除。②剪口芽及剪口下对生的无用一侧抹去，保留生长健壮的一侧枝，以便培养适宜的主、侧枝。③采取轻剪长放，二次枝较多的营养枝缓放不剪，多用撑、拉、吊等方法，多留枝条，以缓和树势促进花芽分化。④培养枝组，多培养单轴、细长、斜生、下垂状态的各类枝组．对着生于冠空位处的徒长枝进行短截回缩，培养成中型结果枝组。

7.2.3.2　盛果期树

运用调光、调枝、调花、调势等技术措施，控制树冠扩大与外移，改善内膛光照，达到合理负载，杜绝“大小年”的出现。具体剪法是：①以轻为主、轻重结合，保持树冠原有结构。②疏除或重短截直立枝和竞争枝。③减少树冠上部和外围枝数量，让阳光透进内膛。④回缩枝轴过长的枝组、角度过大的侧枝，抑前促后；对过密、干枯、病虫枝全部剪除，集中营养，改善光照。

7.2.3.3　衰老树

采取去旧留新、去弱留强、去远留近、去斜平留直旺枝的办法，逐年回缩更新复壮，或利用萌蘖枝重新培养树冠替代。

8　花果期管理

8.1　花期叶面喷肥及生长调节剂

花期前喷0.3%的尿素液，花蕾或花期喷施0.2%～0.3%的硼砂液、0.3%的磷酸二氢钾液，盛花期喷5～10mg/kg赤霉素（920）液。

8.2　大枝环剥、环割

对旺树旺枝进行环剥、环割。环剥、环割以春季萌芽后4月下旬至5月上旬进行较为适宜。环剥，在主干距地面20～30cm处选光滑部位环剥，宽度为主干粗的1/10左右。环割，自主干基部距地面20cm处，用锋利切接刀，环割树皮一圈，或相距5～10cm再环割1圈或2圈。一般以半环或双环为好。

8.3　人工授粉及放蜂

8.3.1　人工授粉

于花前采集与主栽品种不同的品种树上未开放的“铃铛花”，取花药在室内干燥环境中进行干燥或在恒温箱内加温到20～25℃烘干取粉，将花粉放于瓶内，先贮存于低温、干燥环境中备用，待开花时，进行点授筒状花；或利用自制的授粉器进行，可用柔软的家禽羽毛做成毛掸，在授粉树和主栽品种的花朵上轻扫。人工授粉在盛花期愈早愈好，必须在3～4天内完成，为保证不同时间开的花能及时授粉，人工授粉应反复进行3～4次。

8.3.2 放蜂

在石榴开花期，果园蜂、蝶较少情况下，果园放蜂是提高坐果率的有效措施。一般5～8年树，每150～200株树放置一箱蜂，即可满足传粉的需要。

8.4 疏蕾疏花、疏果

8.4.1 疏蕾疏花

从现蕾到盛花期，将所有钟状花蕾和已开放的钟状花疏去，留下葫芦状花和筒状花。

8.4.2 疏果

采用人工摘除的方法，一般在6月中旬完成，一、二茬花幼果坐好后，剪去双果中的小果；在三茬花果中，留先开放坐果的一茬果，选留二茬果，疏除后坐的三茬果。一般径粗2.5cm左右的结果母枝，留3～4个果，并且对结果多的幼树、弱树、大型果品种应适当多疏，健壮树、小果形树适当少疏。根据适宜的结果母枝与营养枝比1:(5～15)或叶、花果比(30～40):1的比例，或果与果之间的距离25～30cm，盛果期树留果量一般每亩6000～10000个。

8.5 果实套袋

8.5.1 套袋前的准备

套袋前10天，喷大生M－45 800倍液混25%灭幼脲3号2000倍液，消灭石榴果实病菌和桃蛀螟等病虫害。

8.5.2 套袋时间

应在谢花后50～60天左右进行，一般在6月上中旬定果后进行，果袋应选择单层遮光袋或双层纸袋。

8.5.3 套袋方法

套袋时将袋口撑开，将果实置于袋中，再将袋口从两侧向中央果梗处纵折捏紧，最后用袋中备有的20～22号长约4cm的细铁丝，将果袋口扎紧。

8.5.4 摘袋

果实采摘前15～20天，最好选择阴天或傍晚时，先从下往上撕破袋口成伞状，2～3天后取下纸袋。

8.6 摘叶转果

为促进果实全面着色，摘袋后3～5天要将靠近果实遮光的叶片摘除。果实阳面着色后，要及时转果，使果实背阴的一面转向阳面。

8.7 铺反光膜

不套袋的，在果实开始着色时铺反光膜；套袋的在摘叶转果的同时在地面整平后铺上银色反光膜，提高树冠内膛、下部的光照强度。反光膜不能拉得太紧，以免夜晚低温使反光膜冷缩而撕裂。

8.8 裂果防治

套袋可防裂果，注意果实生长时期土壤含水量要相对稳定。

9 主要病虫害防治

9.1 防治原则

病虫害防治坚持“预防为主，综合防治”的原则，以植物检疫、农业防治、物理防治、生物防治措施为主，适时使用化学药剂。根据防治对象的生物学特性和危害特点，允许使用生物源农药、矿物源农药和低毒有机合成农药，有限度地使用中毒农药。禁止使用剧毒、高毒、高残留农药。允许使用的农药每种每年最多使用2次，最后一次施药距采收期间隔应在20天以上。

9.2 允许使用的农药

9.2.1 生物源农药

9.2.1.1 微生物源农药

农用抗生素：防治真菌病害的灭瘟素、春雷霉素、多抗霉素(多氧霉索)、井冈霉素、农抗120、中生菌素等；防治螨类的浏阳霉素、华光霉素等。

活体微生物农药：真菌剂(如蜡蚧轮枝菌)、细菌剂(如苏云金杆菌、蜡质芽苞杆菌)、拮抗菌剂、昆虫病原线虫、微孢子、病毒(如核多角体病毒)。

9.2.1.2 动物源农药

昆虫信息素或昆虫外激素(如性信息素)、活体制剂(如寄生性、捕食性天敌动物)。

9.2.1.3 植物源农药

杀虫剂(如除虫菊素、鱼藤酮、烟碱、植物油)、杀菌剂(如大蒜素)、拒避剂(如印楝素、苦楝、川楝素)、增效剂(如芝麻素)。

9.2.2 矿物源农药

9.2.2.1 无机杀螨杀菌剂

硫制剂(如硫悬浮剂、可湿性硫、石硫合剂)、铜制剂(如硫酸铜、王铜、氢氧化铜、波尔多液)。

9.2.2.2 矿物油乳剂

如柴油乳剂等。

9.2.3 部分化学农药

9.2.3.1 昆虫生长调节剂

灭幼脲类(如除虫脲、灭幼脲3号)、酰基脲类(如卡死克)、扑虱灵(又称优得乐、环烷脲)。

9.2.3.2 选择性杀虫、杀螨剂

抗蚜威(又称辟雾蚜)、吡虫啉(又称蚜虱净、灭虫精)、螨死净(又称阿波罗、死螨嗪)、尼索朗、三唑锡(又称倍乐霸)。

9.2.3.3 选择性杀菌剂

多菌灵、代森锰锌(又称大生M-45、喷克)等、扑海因(又称异菌脲)、三唑酮(又称粉锈宁、百里通)。

9.3 限制使用的农药

主要品种有乐斯本、抗蚜威、敌敌畏、杀螟硫磷、灭扫利、功夫、歼灭、杀灭菊酯、氰戊菊酯、高效氯氰菊酯等。限制施用的农药每年最多应用1次，最后一次施药距采果的天数最少 20 天以上。

9.4 禁止使用的农药

无公害果品生产中禁止使用剧毒、高毒、高残留农药和致畸、致癌、致突变农药。根据中华人民共和国农业部第 199 号公告(2002 年 5 月 20 日)，国家明令禁止使用六六六、滴滴涕、毒杀芬、二溴氯丙烷、二溴乙烷、杀虫脒、除草醚、艾氏剂、狄氏剂、汞制剂、甘氟、毒鼠强、氟乙酸钠、毒鼠硅、砷类、铅类等 18 种农药，并规定甲胺磷、甲基对硫磷、对硫磷、久效磷、磷铵、甲拌磷、甲基异柳磷、特丁柳磷、甲基硫环磷、治螟磷、内吸磷、克百威、涕灭威、灭线磷、蝇毒磷、地虫硫磷、氯唑磷、苯线磷等 19 种农药不能在果树上使用。另外，无公害果品的产品标准中还规定倍硫磷、马拉硫磷不得检出。

9.5 主要病虫害防治

9.5.1 主要病害防治

9.5.1.1 石榴干腐病

剪除病枝病果，减少病源。在冬季结合修剪，剪除病虫枝、枯死枝，然后清扫果园，将病虫枝、病果等集中烧毁，减少传染源。加强栽培管理，提高树体抗病能力。生长季要及时防治虫害，并避免各种机械创伤。对已出现的伤口，要进行涂药保护，促进伤口愈合，防止病菌侵入。坐果后即进行套袋，可兼治疮痂病，也可防治桃蛀螟。

开花前及开花后，各喷一次 1∶2∶160 倍量式波尔多液，或喷 50% 甲基托布津可湿性粉剂 800 ~ 1000 倍液。以后每隔 15 ~ 20 天喷一次，至 8 月底，全年共喷 5 ~ 6 次，防治效果良好。

9.5.1.2 石榴早期落叶病

清除园内落叶，集中烧毁或者深埋，尽量减少越冬病菌源。加强综合管理，合理施肥增强树势，重视修剪培养良好树形，改善树冠园内通风透光状况。生长期间，喷 2 ~ 3 次 1∶1∶200 倍等量式波尔多液或 80% 大生 M-45 800 倍液或 10% 宝丽安 1500 倍液药剂交替使用，10 ~ 15 天一次，首次喷药应在 5 月 20 日前后进行。

9.5.1.3 果腐病(烂果病)

在生产上加强管理，增强树势，提高抗病能力，避免果实与地面接触，近地面果实稍转红即应采收；雨后及时排水，发现病果及时摘除销毁；果实着色前喷 50% 甲基托布津 800 倍液或 40% 多硫悬浮剂 500 倍液，或 1∶1∶200 波尔多液等防止病菌扩展蔓延。

9.5.2 主要虫害防治

9.5.2.1 桃蛀螟

清理石榴园，减少虫源，采果后至萌芽前，摘除树上、拣拾树下干僵的病虫果，集中烧毁或深埋，尽量减少越冬害虫基数。生长期间，随时摘除虫果深埋。从 6 月起，可在树干上扎草绳，诱集幼虫和蛹，集中消灭。也可在果园内放养鸡，啄食脱果幼虫。从 4 月下旬起，园内可设置黑光灯、挂糖醋罐、性引诱芯等来诱杀成虫。化学防治：石榴坐果后，用 50% 辛硫磷 100 倍液渗药棉球或制成药泥(药土比 1∶100)堵塞萼筒。6 月上旬、7 月上中旬、8 月上旬和 9 月上旬各代成虫产卵盛期，用 25% 灭幼脲 3 号悬浮剂 2500 倍液，或 10% 天王星乳油 2500 倍液均匀喷布，杀死初孵幼虫。石榴坐果后 20 天左右进行果实套袋，可有效防止桃蛀螟对果实的为害。

9.5.2.2　桃小食心虫

消灭越冬幼虫，每年6月中旬，幼虫出土期在树冠下、选果场以及周围地面喷洒300倍50%辛硫磷，然后浅锄树盘，使药土混合均匀。人工摘除虫果：在桃小食心虫发生期内，发现虫果时要及时摘除，集中用药处理；在成虫产卵前给果实套袋，可阻止幼虫为害。药剂防治：当卵果率达到1%～2%时，及时喷30%桃小灵乳油2000倍液或25%灭幼脲3号悬浮剂2500倍液，在成虫发生期和幼虫孵化期，喷布10%天王星乳油2500倍液，或1%苦参碱1000倍液，或1.2%苦烟乳油800倍液。性诱剂诱杀：在石榴园中设置桃小性外激素水碗诱捕器，用以诱杀成虫。

9.5.2.3　石榴茎窗蛾

结合冬夏剪，发现虫枝应彻底剪掉销毁。在孵化期可喷25%灭幼脲3号悬浮剂2500倍液，或用80%敌敌畏500倍液注射蛀孔。

9.5.2.4　豹纹木蠹蛾

在生长季节，发现枝条上有新鲜虫粪排出时，用80%敌敌畏500倍液注入排粪孔内，或用1/4片磷化铝塞入孔内，再用黄泥堵严孔口毒杀；结合修剪，剪除被害枝条，集中烧毁。成虫羽化期和幼虫孵化期，树上喷25%灭幼脲3号悬浮剂2500倍液；利用成虫趋光性，在羽化期用黑光灯诱杀。

9.5.2.5　黄刺蛾

结合冬季修剪，清除越冬虫茧，集中处理；幼虫发生期间喷10%天王星乳油2500倍液，于幼虫集中为害时，巡视检查石榴园，摘下叶片消灭。

9.5.2.6　石榴绒蚧(紫薇绒蚧)

人工刮刷，然后将刮下的东西烧掉，或用蘸有内吸性杀虫药物的硬刷子在枝干上从上往下刷一遍；5月底6月初越冬若虫出蛰期，以3～5波美度石硫合剂加0.3%洗衣粉，或喷洒25%噻嗪酮可湿性粉剂1500～2000倍液。

9.5.2.7　龟蜡蚧

越冬期人工刮治和剪除虫茧；冬季喷布5%的矿物油乳剂；夏季卵孵化终期喷一次10%天王星乳油3000倍液或25%噻嗪酮可湿性粉剂1500～2000倍液。

9.5.2.8　枣尺蠖

早春成虫羽化前，在距树干1.5m范围内挖表土深20cm，消灭越冬蛹；4月中下旬，成虫羽化前，在树干培土，堆高30cm沙堆，或在干基包扎一圈10cm宽的塑料布，以阻止雌蛾上树产卵。可在每天早晨扑杀聚集雌虫；在卵孵化期，可喷10%天王星乳油2500倍液。

10　采收

10.1　采收时间

石榴成熟后采收。成熟的红色品种果实，籽粒鲜红；白石榴，籽粒晶亮、透明，籽粒大、汁多、味甜，籽粒内近核处针芒状物极多。

10.2　果实采摘

用采果剪紧贴果实将其剪下，放入软衬采果篮里。采果人员应修剪指甲、戴手套、穿软底鞋，以防划伤果皮。采果时，尽量避免撕伤、碰伤、摔伤和擦伤果实，并注意轻拿轻放，防止碰掉萼片，撞伤果实。采收后及时冷藏为宜。

附录 A
石榴园病虫害全年防治工作历

A.1　休眠期(11 月至翌年 3 月)

A.1.1　解草把，刮树皮，剪除病虫枝，摘虫茧，摘除并拣拾地面和树上的僵果、病果，清扫落叶，集中烧毁或深埋，消灭越冬的桃蛀螟、刺蛾、龟蜡蚧、木蠹蛾、茎窗蛾等害虫以及干腐病、落叶病等病虫害的越冬病源、虫源。

A.1.2　深翻树盘，拣拾虫蛹，消灭在土壤中越冬的桃小食心虫、步曲虫等。

A.1.3　3 月下旬萌芽前全树喷 3～5 波美度石硫合剂，消灭树上越冬的桃蛀螟、介壳虫类、刺蛾等害虫以及干腐病、落叶病的病源菌。

A.2　萌芽、现蕾初花期(4 月份)

A.1.1　设置黑光灯或糖醋液诱杀桃蛀螟成虫。

A.1.2　树冠下土壤喷 500 倍辛硫磷胶悬剂后，树盘土锄松、耙平，防治桃小食心虫、步曲虫。

A.3　盛花期(5 月份)

A.3.1　桃小食心虫上年发生严重的园地，5 月下旬树盘上再施药处理一次。

A.3.2　树上喷 10% 天王星乳油 2500 倍液加 80% 大生 M-45 800 倍液加 25% 噻嗪酮可湿性粉剂 1500～2000 倍液，防治桃小、桃蛀螟、茶翅蝽、绒蚧、龟蜡蚧等害虫，以及干腐病、落叶病。

A.3.3　剪拾虫梢并烧毁或深埋防治木蠹蛾。

A.4　初果期(6 月份)

A.4.1　6 月底喷洒 200 倍等量式波尔多液或 400 倍 40% 多菌灵胶悬剂加入(2000 倍 30% 桃小灵乳油或 2000 倍 20% 速灭杀丁)，防治干腐病、落叶病、桃小食心虫、桃蛀螟、木蠹蛾、龟蜡蚧等。

A.4.2　用 1∶100 倍 40% 辛硫磷与黄土配合的软泥逐果堵塞开始膨大的幼果萼筒，防治桃蛀螟。

A.4.3　剪除木蠹蛾、茎窗蛾为害虫梢并烧毁。

A.5　幼果期(7 月份)

A.5.1　摘桃蛀螟、桃小食心虫为害的虫果，辗轧或深埋，消灭果内害虫。

A.5.2　剪除木蠹蛾、茎窗蛾虫梢烧毁或者深埋。

A.5.3　7 月底喷洒 500 倍 40% 代森锰锌或 50% 甲基托布津 800 倍液加 25% 灭幼脲 3 号悬浮剂 2500 倍液防治桃小食心虫、桃蛀螟、巾夜蛾、刺蛾、绒蚧、龟蜡蚧、茶翅蝽、干腐病、落叶病等。

A.6　采前膨果期(8 月份)

A.6.1　剪虫梢，摘拾虫果烧毁、深埋或辗轧，防治桃蛀螟、桃小食心虫、木蠹蛾、茎窗蛾等。

A.6.2　树上喷药防治刺蛾、巾夜蛾、步曲虫、龟蜡蚧、干腐病、落叶病等。药剂可选用 500 倍 40% 多菌灵或 50% 甲基托布津或大生 M－45 800 倍液，或 10% 宝丽安 1500 倍液加

（1% 苦参碱 1000 倍液、或 1.2% 苦烟乳油 800 倍液）。

A.6.3 防治茎窗蛾、木蠹蛾等蛀干类害虫，可用废注射器等工具，向孔道内灌入 40% 敌敌畏原液熏杀幼虫。

A.7 成熟采收期(9 月份)

A.7.1 剪虫梢、摘拾虫果，集中烧毁或深埋，防治茎窗蛾、木蠹蛾、桃小食心虫、桃蛀螟等。

A.7.2 贮藏果用 600 倍 50% 代森锰锌或 50% 甲基托布津 800 倍液浸果灭菌，杀虫处理，晾干水分后装箱入库、贮藏待售。

A.7.3 9 月下旬树干绑草把，引诱桃小食心虫、刺蛾等害虫越冬。

A.8 落叶前期(10 月份)

A.7.1 摘拾树上和地上虫果、病果，清扫堆果场地及周内秸秆、杂草，集中深埋或烧毁。

A.7.2 剪除木蠹蛾、茎窗蛾为害枝梢，集中烧毁。

DB3704

枣　庄　市　地　方　规　范

DB3704/T 003—2014

无公害板栗生产技术规程

2014－09－10 发布　　2014－09－10 实施

枣庄市质量技术监督局　发布

前　　言

本标准按照 GB/T 1. 1 –2009 给出的规则起草。

本标准由枣庄市林业工作站提出。

本标准由枣庄市林业局归口。

本标准起草单位：枣庄市林业工作站、薛城区林业局。

本标准起草人：刘加云、申国胜、刘莞莞、徐晶晶、王艳。

无公害板栗生产技术规程

1 范围

本标准规定了无公害板栗(*Castanea mollissima*)，生产中的园地选择与规划、品种、苗木选择、栽植、土肥水管理、整形修剪、花果管理、病虫害防治和果实采收等技术。

本标准适用于枣庄市行政区域内无公害板栗的生产。

2 规范性引用文件

下列文件对于本文件的应用是必不可少的。凡是注日期的引用文件，仅所注日期的版本适用于本文件。凡是不注日期的引用文件，其最新版本(包括所有的修改单)适用于本文件。

GB 4285　农药安全使用标准

GB 8321(所有部分)　农药合理使用准则

GB 3095　大气环境质量标准

GB 15618　土壤环境标准

GB 5084　农田灌溉水质标准

3 园地选择与规划

3.1 园地选择

栗园应建立在远离污染的地方，且符合下列条件：海拔高度≤800m；坡向：南或东南；土壤富含有机质，壤土或沙壤土，土层>40cm，地下水位<1m，pH5.0~6.5。大气环境质量标准符合国家(GB 3095)的标准，见表1；土壤环境要求达到GB 15618标准，见表2；水源应符合GB 5084的农田灌溉水质标准，见表3。

表1　大气环境质量标准

项目		日平均指标	1h平均指标
总悬浮颗粒物(NP)(标准状态)，mg/m^3	≤	0.3	—
二氧化硫(SO_2)(标准状卷)，mg/m^3	≤	0.15	0.50
氮氧化物(NOx)(标准状态)，mg/m^3	≤	0.12	0.24
氟化物(标准状态)，$\mu g/(dm^2 \cdot d)$	≤	月平均10	—
铅(标准状态)，$\mu g/m^3$	≤	—	季平均1.5

表 2　土壤环境标准

项目		指标
总汞，mg/kg	≤	0.30
总砷，mg/kg	≤	40
总铅，mg/kg	≤	250
总镉，mg/kg	≤	0.30
总铬，mg/kg	≤	150
六六六，mg/kg	≤	0.5
滴滴涕	≤	0.5

表 3　灌溉水质标准

项目		指标
氯化物，mg/L	≤	—
氰化物，mg/ L	≤	0.5
氟化物，mg/L	≤	3.0
总汞，mg/L	≤	0.001
总砷，mg/L	≤	0.10
总铅，mg/L	≤	0.10
总镉，mg/L	≤	0.005
铬(六价)，mg/L	≤	0.10
石油类，mg/L	≤	10
pH		5.5～8.5

3.2　园地规划

整平土地并施入足量有机肥，深翻熟化土壤，山地应改造地形，修筑梯田，撩壕以保持水土；平地及25°以下的缓坡地，南北行向栽植，丘陵地栽植沿等高线延长。园地修建必要的道路、灌溉排灌设施、防护林等。

4　品种、苗木选择

4.1　品种选择

主要品种有：‘明栗’、‘石丰’、‘华光’、‘金丰’、‘海丰’、‘烟泉’、‘红光’等。

4.2　苗木选择

嫁接苗嫁接口上5cm处苗径粗达到1cm、苗高100cm以上，主侧根长20cm以上，侧根5条以上、愈合良好，无病虫及机械损伤。

5　栽植

5.1　栽植时期

秋季落叶后至次年春季萌芽前均可栽植，以秋栽为宜。秋季到结冻前进行栽植，当年可使伤根愈合，并发生新根，翌春能及时生长，成活率高，生长良好。

5.2 栽植密度

肥力高、土层深厚、水分条件好、坡度平缓的栗园，栽植密度宜大；土壤贫瘠、干旱少雨地区栽植密度宜小。一般平原地株行距(3～4)m×(3～5)m，丘陵地密度稍大，株行距(2.5～3)m×(3～4)m。

5.3 授粉树配置

一个板栗园的品种以3～5个为合适，主栽品种与授粉品种的比例为(4～6)∶1，主栽品种与授粉品种花期一致。

5.4 栽植方法

挖栽植穴宽、深各60～80cm，在沙土瘠薄地可适当加大。也可挖宽、深各60～80cm的栽植沟，挖穴(沟)时，表土与生土分开放置，填穴时分别掺入有机质和有机肥，并各返还原位，切不要打乱原土层。树穴(沟)挖好后，回填土时，土壤一定要与有机肥充分拌匀，每亩施入土杂肥3000～5000kg，磷肥100kg。树穴(沟)回填后应立即浇透水，沉实后再填平穴(沟)。栽树时在已浇水沉实的穴(沟)中挖小坑栽植。栽时将苗木放入穴中央，将根系舒展苗木扶直，左右对准，使其纵横成行，然后填土，边填土边提苗，踏实，使根系与土壤密接。填土至地平，做畦，浇透水，山地果园覆盖1m^2地膜。按栽植密度进行定干，剪口用蜡或动物油等涂抹，防止水分蒸发。

6 土肥水管理

6.1 土壤管理

6.1.1 深翻扩穴

秋末冬初结合施有机肥进行深翻扩穴，尤其是山地栗园，每年沿树冠垂直投影处，挖环状沟或平行沟，沟宽40cm左右，深40～60cm。挖沟扩穴时将表土放在树干一侧，心土放沟的另一侧，分别混入有机肥，再按原土层次序回填，不打破原土层，最后浇透水。以后每年在同一时间依次向外继续深翻，直到全园深翻一遍为止。

6.1.2 清耕除草

每年在园内除草松土2～3次，做到园内无杂草。

6.1.3 树盘覆草

早春和夏秋皆可进行树盘覆草，覆草厚度不低于20cm，上面压少量土防风刮，距树干20cm周围不覆草，防止根茎腐烂。

6.1.4 栗园生草

有水浇条件的栗园，提倡栗园生草，一般是在行间生草或全园生草，以豆科和禾本科为宜，适时刈割埋于地下或覆盖于树盘。生草品种可选择苜蓿、白三叶、黑麦草、鼠茅草等。

6.1.5 穴贮肥水和树盘覆膜

在秋末或早春发芽前进行，单株挖2～4个穴，穴径、深均为40cm，中央埋径长均为25cm的草把，根据树势和产量情况，施入适量土杂肥；浇水后，填土整平覆膜。草把可用玉米秸、麦秆、山草、山荆条等，在生长季通过此穴追肥、浇水。

6.2 施肥

6.2.1 施肥原则

所施用的肥料不应对果园环境和果实品质产生不良影响，应是经农业行政主管部门登记或免于登记的肥料。提倡根据土壤和叶片营养分析进行配方施肥或平衡施肥。

6.2.1.1 允许使用的肥料种类

有机肥料：包括堆肥、沤肥、沼气肥、作物秸秆肥、泥肥、饼肥等农家肥和商品有机肥、有机复合肥。

腐殖酸类肥料：包括腐殖酸类肥。

化肥：包括氮、磷、钾等大量元素肥料和微量元素肥料及其复合肥等。

微生物肥料：包括微生物制剂及经过微生物处理的肥料。

6.2.1.2 禁止使用的肥料种类

禁止使用未经无害化处理的城市垃圾或含有重金属、橡胶和有害物质的垃圾；禁止使用含氯复合肥、硝态氮肥、未腐熟的人粪尿；禁止使用未获登记的肥料产品。

6.2.2 施肥时期

6.2.2.1 基肥

秋季9月下旬到10月中旬(秋天落叶前)施基肥，基肥以农家肥为主，包括圈肥、厩肥、人粪尿、堆肥、绿肥及饼肥等有机肥，可适量混入复合肥等无机肥。

6.2.2.2 追肥

追肥以速效的无机肥为主，主要追施氮肥、钾肥，也可配些磷肥。常用化肥有尿素、碳酸铵、硫酸铵、过磷酸钙、磷酸二氢钾、氮磷钾复合肥、钙镁磷肥等。一年追肥3次，第一次在萌芽前雌花分化期(3月底至4月初)，以氮肥为主；第二次在盛花期(5月中下旬至6月初)，追施氮磷钾速效肥及适量微量元素；第三次在果实膨大期(7月初至8月初)。

6.2.2.3 根外追肥

每年进行5~6次叶面喷肥，一般在花期至果膨大期进行。氮肥以尿素为好，使用浓度0.2%~0.3%，最高不超过0.5%，在晚秋可喷0.8%高浓度的尿素液。磷钾肥以磷酸二氢钾为好，喷施浓度为0.2%~0.4%。从叶片展叶到果实膨大期均可喷施，采收前30天和15天喷两次磷酸二氢钾，增大单粒重。还可喷2%过磷酸钙浸出液，磷铵0.1%~0.4%、草木灰3%~5%浸出液、0.3%硫酸钾、0.1%~0.3%硼砂水溶液。叶面喷肥于晴天的上午10:00、下午4:00后喷布树冠叶片背面。

6.2.3 施肥量

4~6月份新梢、叶片、花及幼果生长期需氮最多；7月中旬至9月初需钾量增大；磷的需要量在4~6月份和8月上旬至9月上旬较高。施肥量应以预计栗实产量为依据，每生产100kg板栗，需要纯氮肥3.21kg、磷(P_2O_5)0.76kg、钾(K_2O)肥1.28kg，纯氮、磷、钾的施入比例为4:1:1.6，萌芽前，以氮肥为主，并施磷、钾肥，以速效肥为宜，占全年施肥量的50%左右；果实膨大期以磷、钾肥为主，以复合肥为宜，占全年施肥量的20%~30%；果实采收后，以有机肥为主，施肥量占全年施肥量的20%~30%。同时还要增施其他元素，进行配方施肥，见表4。

表4　不同树龄、中等土壤肥力的栗园全年施肥量

树龄(年)	产量指标(kg/亩)	肥料种类	年施肥量(kg/亩)	其中(kg/亩)	
				基肥	追肥
1～5	30～100	氮	4.0	2.0	2.0
		磷	1.5	1.0	0.5
		钾	2.0	2.0	
6～10	100～150	氮	6.0	3.0	3.0
		磷	2.0	1.0	1.0
		钾	2.5	1.5	1.0
≥11	150～200	氮	8.0	4.0	4.0
		磷	2.5	1.5	1.0
		钾	3.0	2.0	1.0

6.2.4　施肥方法

6.2.4.1　穴状施肥法

多用于追肥，在树冠外缘附近挖深30～40cm，宽40～50cm，间距80～100cm的坑穴若干(一般4～10个)，将肥料施入穴中。

6.2.4.2　环状施肥法

在树冠外缘挖宽40cm、深40～50cm的圆环状的施肥沟，将肥料施入沟中。

6.2.4.3　放射沟施肥法

以树为中心，在树冠外缘等距离挖6～8个放射状沟。沟宽度30～40cm，深度为40～50cm，外浅内深，沟长一般为60～100cm，具体视树冠大小而定。每年施肥应不断调换开沟位置。

6.2.4.4　全面撒施法

多用于密植园或大龄栗园，将肥料均匀撒入园内，锄或耙入土壤即可，翻入土深度依肥料种类而定。

6.3　水分管理

6.3.1　灌水时期

板栗在一年中对水分的要求可分为发芽前、夏季枝梢速生期和果实膨大期等几个时期。

6.3.2　灌水方法

灌水方法分为穴灌、树盘灌、沟灌、滴灌、喷灌、渗灌等。

6.3.3　排水

雨季若积水要修筑排水沟，排出积水，特别是土壤重的栗园，更要及时排水。

7　花果管理技术

7.1　防止空苞

一是选配好授粉树；二是改善树体营养条件，特别是在雌花形成、花期等关键时期，要加强肥水管理；三是注意使用硼肥，在早春(4月)、雨季(7月、8月)、秋季(9月)三个时间，依树冠投影面积进行土壤施硼，每平方米垂直投影面积施10～20g，也可叶面喷硼，浓度为0.1%～0.3%的硼砂加磷酸二氢钾0.2%～0.4%，再加0.3%的尿素液。

7.2 人工授粉

当雄花序盛开时采集花粉，干燥并盛入干净的深色玻璃瓶内备用。当雌花柱头大部分分杈为30°～45°时即可授粉，授粉可采用橡皮或鸡毛掸子点授。

7.3 去雄和疏苞

一般一个结果枝上保留1～3个雄花，其余疏除；还要疏除劣苞、空苞和多余独籽苞，促使留苞内坚果的发育。疏除母枝多余芽、有害的弱小枝、短截粗壮枝、短截摘心轮痕处。

8 整形修剪

8.1 树形

8.1.1 自然开心形

主干高40～60cm，不留中央领导干，全树3个主枝。主枝层内距25～30cm，3个主枝均匀伸向三个方向，开张角度为45°，每主枝上留侧枝3个，第一侧枝均留于同方位且距中干60cm左右，第二侧枝距第一侧枝50cm左右，均位于第一侧枝对侧，第三侧枝距第二侧枝40～50cm，与第一侧枝同侧，所有侧枝与主干的角度均应大于主枝。开心形树高控制在2～3m。

8.1.2 主干疏层延迟开心形

主干高60～80cm，有中央领导干。全树5个主枝，疏散分布在中干上，第一层3个主枝，层内距30cm，第一层每1个主枝角度50°，第二层1个主枝，与中干角度40°～45°，层间距80cm左右。第三层1个主枝，与中干角度40°，层间距60cm左右，第二、三层主枝交错插于一层主枝的空间，避免重叠。第一层每1个主枝上留2个侧枝，第一侧枝距中干60～80cm，第二侧枝在对侧距第一侧枝40～60cm，第四、五主枝，各留1～2个侧枝，距中干50cm左右。第五主枝上不留侧枝。整形7年左右进行落头，树高控制在4m左右。

8.2 修剪技术

8.2.1 疏枝

成龄树疏去交叉枝、风磨枝、重叠枝、纤弱枝；幼龄旺树上疏除多余骨干枝。

8.2.2 短截

短截分为轻截，截去1年生枝的1/3以下；中截，截去1/3以上；重截，留基部1～3个芽。

8.2.3 摘心

当新梢生长到20～30cm时，控制枝的长度，促进分枝，提早成型。

8.3 不同树龄的修剪特点

8.2.1 幼树的修剪

幼树修剪的主要任务是长好树、整好形、枝量增长快，为早实丰产奠定基础。幼树修剪的主要措施有：①控制竞争枝。②依各树形的整形要求进行整形。注意8～9月份在枝条半木质化时进行开角。③少短截，轻疏剪。④加强夏季修剪，尤其是摘心，枝条每长20～30cm时摘心1次，共摘心2～4次，能促进枝条充实，形成结果枝，提早结果。

8.2.2　初结果期树的修剪

初结果期修剪的主要任务是继续整好。继续采用幼树期的修剪措施，控制好竞争枝、骨干枝，注意骨干枝的开角，疏除徒长枝，利用夏季修剪措施处理新生枝条；培养结果母枝；利用好辅养枝；注重控冠、通光路和风路。

8.2.3　盛果期树的修剪

进入大量结果期后，栗树修剪应以促生强壮结果母枝为主，注意培养接班枝控冠，修剪时应视树势具体情况运用修剪手段，调节生长与结果的平衡，采用集中与分散相结合的修剪方法，调整结果母枝留量，适当疏枝，及时回缩顶端枝，控制结果部位外移和树冠过度扩展，保持树冠覆盖率在80%左右，以实现高产、稳产、优质。在实生大树、弱树上实行集中修剪，方法是：多疏枝，少留先端旺枝，减少生长点，以集中养分，使弱枝转强，使不结果枝转化为结果枝。树势强旺的采用分散修剪，即适当多留枝，以分散树体营养，缓和过强的树势和过旺枝生长，分散顶端优势；分散修剪易产生遮光，形成过多弱枝群，应注意控制。

8.2.4　衰老树的更新修剪

对于多年放任生长管理不当的栗树及老栗树，因树体过于高大，交接，内膛空虚，树势极度衰老时，要采取大更新修剪，回缩大枝，去除枯死大枝，树桩。更新回缩骨干枝至大枝分权处，使冠径缩小1/3左右，树冠高度降低1m左右。翌年，从剪口隐芽萌发的新梢中，选发育充实、斜向生长的强旺枝，培养未来的骨干枝延长头。同时，选留适当的小枝培养枝组，2~3年后即可结果。更新重回缩要注意保护截面大伤口，防止染病，并于更新前加强土肥水管理及病虫防治，增加树体养分。对隐芽萌生枝，及时抹除过密枝，保留方位好的枝，并进行摘心等夏剪措施，培养骨干枝及结果枝组。

9　病虫害防治技术

9.1　病虫害防治方法

9.1.1　植物检疫

严格执行国家规定的植物检疫制度，禁止检疫性病虫害的传入，不得从疫区调运苗木、接穗、果实和种子，一经发现，立即销毁。

9.1.2　营林防治

①选用抗病品种，选择有较强抗病性、抗逆性的品种。②栗园间作和生草，以改善栗园的生态环境。③实施冬季翻土、修剪、清园、排水等措施，减少病虫源。加强栽培管理，增强树势，提高树体自身抗病虫能力。提高果实采收和贮藏质量，降低果实腐烂率。

9.1.3　物理机械防治

①应用灯光防治害虫。夜晚可用黑光灯引诱或驱避栗皮夜蛾、透翅蛾、金龟子、卷叶蛾等。②应用趋化性防治害虫。利用某些害虫对糖、酒、醋液有趋性的特性，在糖、酒、醋液中加入农药进行诱杀。③应用色彩防治害虫。可用黄板诱杀蚜虫。④人工捕捉害虫、集中种植害虫中间寄主诱杀害虫。对一些虫体较大易于辨认的害虫，如天牛、金龟子等进行人工捕捉，摘除栗瘿蜂，冬季人工刮除栗大蚜虫卵。在栗园周围零星种植向日葵、玉米等作物，诱集桃蛀螟成虫产卵，再用药剂灭杀幼虫。

9.1.4　生物防治

①改善栗园生态环境。按栽培技术中的有关规定执行。②人工引移、繁殖释放天敌。用草蛉防治针叶小爪螨、栗大蚜；用中华长尾小蜂防治栗瘿蜂等。③利用性诱剂。在栗园中放置桃蛀螟性诱剂和少量农药，杀死桃蛀螟成虫。

9.1.5　化学防治

农药种类选择及使用：

①禁止使用高毒、高残留或有三致作用的药剂，以及未登记的农药(见表5)。

表5　板栗园禁止使用的农药

农药类型	农药品种	禁用原因
有机砷杀菌剂	福美甲砷、福美砷等	高残留
取代苯类杀菌剂	五氯硝基苯	致癌
有机磷杀菌剂	稻瘟净	异味
有机氯杀虫、杀螨剂	滴滴涕、六六六、三氯杀螨醇、林丹、硫丹	高残留
甲脒类杀虫、杀螨剂	杀虫脒	慢性毒性致癌
有机磷杀虫剂	甲拌磷、乙拌磷、久效磷、甲基对硫磷、对硫磷、甲胺磷、甲基异硫磷、氧化乐果、磷胺治螟磷、地虫硫磷、灭克磷(益收宝)、水胺硫磷、氯唑磷、杀扑磷、特丁硫磷、甲基硫环磷、蝇毒磷	剧毒或高毒
氨基甲酸酯类杀虫剂	涕灭威、克百威、灭多威、丁硫克百威、丙硫克百威	剧毒或高毒或代谢物高毒
有机氮杀菌剂	双胍辛胺(培福朗)	毒性高，有慢性毒性
杂环类杀菌剂	敌枯双	致畸
二苯醚类除草剂	除草醚、草枯醚	慢性毒性

②限制使用的农药，每年每种药剂最多使用一次(见表6)。

表6　板栗园限制使用的主要农药品种

通用名	剂型及含量	主要防治对象	施用量(稀释倍数)	施用方法	最后一次施药距果的天数(天)	实施要点及说明
敌敌畏	80%乳油	卷叶虫、蚜虫、刺蛾、蝽类、螨类和天牛类	1500~2000倍液或5~10倍液	喷雾，药棉塞虫孔或用注射器虫孔灌药	21	随用随配
乐果	40%乳油	蚧类、卷叶虫、食心虫、螨类	1000~1500倍液	喷雾	21	
溴氰菊酯	2.5%乳油	食心虫、卷叶虫、栗降蚧、潜夜蛾	2500~3000倍液	喷雾	28	
氰戊菊酯	20%乳油	栗皮夜蛾、透翅蛾	2000~3000倍液	喷雾	21	
氯氰菊酯	10%乳油	卷叶蛾、潜夜蛾	2000~4000倍液	喷雾	30	
杀螟硫磷	50%乳油	食心虫、桃蛀螟、叶蛾、刺蛾、蚧类	1000~1500倍液	喷雾	21	
水胺硫磷	40%乳油	栗红蜘蛛、蚧类	1500~2000倍液	喷雾	—	
杀螟丹	98%可溶性粉剂	潜夜蛾	2000~2500倍液	喷雾	21	
杀扑磷	40%乳油	蚧类	1000~1500倍液	喷雾	30	
毒死蜱	48%乳油	蚧类、蚜虫	1000~1500倍液	喷雾	21	
喹硫磷	25%乳油	蚧类、蚜虫	1000~1500倍液	喷雾	25	
福美双	50%可湿性粉剂	炭疽病	500~800倍液	喷雾	12	

9.2 主要病害及其防治

9.2.1 栗炭疽病

防治方法：①保持树体通风透光良好。②加强栗园土肥水管理，增强树势，提高树体抗病能力。③在6月上旬初次侵染至8月上旬再次侵染，分别在树上喷40%多硫合剂500倍或70%代森锰锌可湿性粉剂600～800倍液，或50%多菌灵可湿性粉剂600～800倍液。

9.2.3 板栗白粉病

防治方法：①清除病叶、病枝，集中烧毁，减少越冬病原菌。②加强栽培管理，增强抗病力。合理施肥、灌溉。注重氮、磷、钾肥料的配合施用及微量元素的补充，防止过量施氮肥引起徒长，栽植密度要合理，并进行适度修剪，保持栗园内通风透光。③喷药防治：发芽前喷1次3～5波美度石硫合剂，进行预防；发病期喷施0.3波美度石硫合剂或25%的粉锈宁800～1000倍液，间隔期15天，共喷2～3次。

9.2.3 栗胴枯病

防治方法：①在无病区生产苗木和繁殖接穗。防止将病菌带入新栗区。②加强树体管理，增强树势，保护嫁接口，用药泥包嫁接口，外裹农膜，防止病菌感染。及时防治枝干害虫，减少树体伤口及机械伤，对剪、锯口涂药保护。③树干涂白防日烧，晚秋树干基部培土防冻，早春解冻后扒开。④清除栗园内病株，病枝集中烧毁，及时刮治病部并涂药剂，涂抹药剂有2%的硫酸铜或0.1%氯化汞溶液，或3～5波美度石硫合剂，或70%的甲基托布津400倍液等药物处理，每隔15天涂抹一次，连续4～5次。

9.3 主要害虫及其防治

9.3.1 桃蛀螟

①清除幼虫越冬场所。栗园种向日葵诱杀三代幼虫。②8月下旬重点对刺苞喷药防治，用25%灭幼脲600倍液或20%除虫脲1000倍液，间隔15天连喷2～3次。

9.3.2 板栗皮夜蛾

①及时清扫栗园枯枝落叶和落花消灭越冬蛹。②第一代幼虫孵化期盛期(6月上中旬)，喷50%杀螟松1000倍液或B. t. 乳剂500～600倍液防治；第二代幼虫发生盛期时(7月中下旬)再喷一次10%天王星乳油2500倍液。

9.3.3 栗实蛾

①清除栗园内落叶，用药剂处理堆果场，消灭越冬虫茧。产卵初期释放赤眼蜂防治。②幼虫孵化至蛀果前，喷50%杀螟松1000倍液或喷25%灭幼脲3号悬浮剂1000～1500倍液。③发生重的栗园适当提前采收，向栗苞上喷洒99.1%的加德士敌死虫100倍液或50%辛硫磷乳油1000～1500倍液后，用塑料薄膜盖上闷一昼夜，杀死其中幼虫，并对桃蛀螟也有效。

9.3.4 栗剪枝象甲

①于冬季深翻栗园20～25cm，杀死越冬幼虫，清除栗园中的栎类植物。及时拾取落地虫果，集中烧毁。利用成虫的假死性，震落成虫捕杀。②于成虫发生期用25%噻嗪酮可湿性粉剂1500～2000倍液或25%灭幼脲3号600倍液防治。

9.3.5　栗瘿蜂

①利用天敌。注意识别寄生瘤，在修剪时加以保护，或收集迁移悬挂放飞。②冬季重疏枝，清除内膛弱枝群，在初发现栗园摘除虫瘤。③春季幼虫开始活动时，先刮去老皮，用40%乐果乳油5倍液涂树干后包扎。成虫发生期，喷50%杀螟松1000倍液，连喷2次，或在羽化盛期释放烟雾剂。

9.3.6　板栗透翅蛾

①3~5月，用煤油2~3kg加50%敌敌畏乳剂100mL涂抹已刮皮树干。②成虫出现期(8月中旬至9月上旬)在树干上喷20%速灭杀丁2000倍液或50%杀螟松1000倍液消灭成虫及卵。③9月中旬卵孵化盛期，刮除树干1m以下粗皮烧毁，并结合树干喷药防治。④避免在树干上造成伤口。成虫产卵前(8月)，树干刷白涂剂防止成虫产卵。

9.3.7　栗大蚜

①发生量大时冬季刮除翘皮下，表皮上的越冬卵块。②于越冬卵孵化期喷2.5%的敌杀死2500倍液。③注意保护和利用各种天敌。

9.3.8　栗红蜘蛛

①5月下旬左右越冬卵孵化期，用40%氧化乐果5~10倍液涂抹树干，先在树干中上部刮去粗皮，成15~20cm宽环带，露出嫩皮，然后连涂两遍后用塑料薄膜和纸包扎。有效控制期可达40天。②5月下旬至6月上旬首批越冬卵孵化的关键时期，使用兼有杀卵功效的农药，如20%螨死净3000倍液或20%螨克1000~1500倍液，或15%扫螨净2000倍液。

10　采收

10.1　采收时期

板栗充分成熟的标志是栗蓬总苞片开裂，栗实从其中掉下来。充分成熟的栗实，果皮有光泽，籽粒饱满。由于板栗的成熟期不一致，单株树上栗实的成熟需用几天，这样不便于集中管理。根据实际情况，当栗蓬呈“一”字开裂、栗苞颜色呈黄褐色、针刺呈枯焦状、栗果皮具光泽、少量栗果开始落地时为最适宜的采收期。

10.2　采收方法

为了采收时获得优质果实，采收步骤、方法如下：

10.2.1　松土除草

在采收板栗果实前首先要把树冠下面及附近的土壤刨松，防止坚果或栗苞落地时受到重力撞伤。

10.2.2　提倡拾栗法

坚果在栗苞上达到充分成熟时，就从栗苞自由脱落，捡拾栗饱满，品质优，耐贮运。另一种采收方法是打栗法，即把已成熟的栗苞分期分批用竹竿打落，然后将栗苞、坚果拾起来。这种采收方法有省工、省时、避免坚果丢失的优点，缺点是：有60%~70%的坚果未成熟，打落后一般要减产20%~50%，坚果质量差，不耐贮藏，影响商品价值，另外，在打栗苞时，打掉了不少叶片及结果母枝，影响了栗树后期营养物质的积累和下一年的产量。

对于采收时未开裂的栗蓬，应选择阴凉、通风的场地，将栗蓬倒在地上、摊开，堆积厚度40～50cm，为防止压紧，再用木锹撒到堆上，能够保留充分的空隙，防止日晒和堆内温度升高，5～7天后进行脱粒。切忌长时间堆放。刚从栗蓬中脱粒出来的栗果有一定的热度和湿度，需摊开风凉，使其热量发散冷却，称为“发汗”，如果栗果长时间堆放在一起，堆内温度就会急剧升高到50～60℃，热量散发不出去，导致胚芽与子叶发酵腐败，栗果变成死体，失去了对细菌的抵抗力，易发生霉烂。栗果发汗的场所可在室内或在荫棚下进行，四面应畅顺通风，一般发汗两天后便可进行贮藏处理。

附录 A
栗园病虫害周年防治历

防治时期	防治对象	防治措施
12 月至翌年 2 月（休眠期）	栗瘿蜂、栗透翅蛾、栗大蚜、栗小卷蛾	①结合冬剪，除掉细弱疾病虫枝。剪除树上的越冬茧和栗瘿蜂虫瘤。②冬春刮树皮，集中烧毁或刷除越冬密集的卵块。也可防治苹掌舟蛾、黄刺蛾、栎掌舟蛾、舞毒蛾、盗毒蛾、栗透翅蛾及黄天幕毛虫等害虫。③清理树下枯叶和枯枝，集中烧毁。防治栗小卷蛾。
3～4 月（芽萌动期）	栗透翅蛾、栗大蚜、酸枣尺蠖、苹掌舟蛾、栗疫病、栗胴枯病	①用 1～1.5L 煤油加 80% 敌敌畏 50mL，混合均匀后涂抹树干。②在栗大蚜集中的地方喷 2.5% 敌杀死 2500 倍液；或用灭扫利 2500～3000 倍液。③翻树盘，使蛹暴露于地表面，冻晒致死。④在刮除病斑的基础上，全树喷 3～5 波美度石硫合剂或对刮除病斑用 5 波美度石硫合剂等涂抹刮后伤口。
5 月份（新梢生长期）	红蜘蛛、栗大蚜、黄刺蛾、栗瘿蜂、栗透翅蛾、云斑天牛	①使用 20% 螨死净胶悬液 2000～3000 倍；20% 速螨酮可湿性粉剂 3000～4000 倍液；5% 霸螨灵悬浮剂 2000～3000 倍液；73% 克螨特乳剂 3000 倍液；50% 的硫悬乳剂 200～400 倍液。防治栗大蚜和红蜘蛛。②50% 杀螟松乳油 800～1000 倍液；2.5% 敌杀死 2500 倍液，50% 辛硫磷乳油 1000 倍液，兼治舞毒蛾、黄褐天幕毛虫、栗舟蛾等食叶性害虫。③剪除栗瘿蜂虫瘤。④用刀刮除幼虫。
6～7 月（枝条及果实生长期）	红蜘蛛、栗瘿蜂、栗舟蛾、栗实象甲、黑天牛、粒肩天牛、栗炭疽病	①如果前期没有抓紧，在高温干旱期发生时喷洒 2500～3000 倍的灭扫利溶液，可兼除其他害虫。②幼龄幼虫在水分散前组织人力采摘有虫叶片。幼虫分散后可振动树干，击落幼虫，集中杀死。③摇树震动捕杀天牛成虫；发现有幼虫粪便排出时，用细铁丝刺死其中的幼虫，在树干上找到蛀孔或在树皮肿胀处刮皮找到蛀道后，将蛀孔或蛀道内的木屑和虫粪掏出，然后塞入浸有 80% 敌敌畏乳油 20 倍液的棉球，用泥土封闭蛀孔，熏杀幼虫。④夏季多雨年份往树上喷洒 70% 代森锰锌可湿性粉剂 600～800 倍液 1～2 次或 40% 多菌灵 600 倍液，或 5% 扑海因 1000～1500 倍液。
8～9 月（果实成熟期）	黑星天牛、粒肩天牛、栗实象甲、桃蛀螟、栗皮夜蛾、掌舟蛾、栗透翅蛾、栗炭疽病	①摇树震动捕杀天牛成虫；发现有幼虫粪便排出时，用细铁丝刺死其中的幼虫、用兽用注射器将 40% 乐果乳油 50 倍液 2 毫升注入蛀道内，用黄泥封闭蛀孔。②堆积球果时，每堆积一层喷 1 次 50% 的辛硫磷 1000～1500 倍液，然后覆盖塑料薄膜，2 天后可揭去塑料薄膜。③在树干上涂白涂剂阻止成虫产卵。
10～11 月	栗透翅蛾、栗皮夜蛾、栗实象甲、桃蛀螟	①20% 速灭杀丁 1500 倍液或 50% 杀螟松乳油 800～1000 倍液。②在土质的堆栗场上，脱粒结束后用同样药剂处理土壤，杀死其中的幼虫。③清理越冬场所，及时烧掉板栗刺苞，杀死板栗蛀螟越冬幼虫。④树干涂白。

DB3704

枣　庄　市　地　方　规　范

DB3704/T 004—2014

无公害核桃生产技术规程

2014-09-10 发布　　　　2014-09-10 实施

枣庄市质量技术监督局　　发　布

前　　言

本标准按照 GB/T 1.1－2009 给出的规则起草。

本标准由枣庄市林业工作站提出。

本标准由枣庄市林业局归口。

本标准起草单位：枣庄市林业工作站、国家林业局监测规划院。

本标准起草人：刘加云、赵秀琴、郑良友、郭祁、刘伟。

无公害核桃生产技术规程

1 范围

本标准规定了无公害核桃(*Juglans regia*)生产的园地选择与规划、品种及苗木的选择与栽植、土肥水管理、整形修剪、花果管理、病虫害防治、果实采收及采后处理等技术。

本标准适用于枣庄市行政区划范围内无公害核桃的生产。

2 规范性引用文件

下列文件对于本文件的应用是必不可少的。凡是注日期的引用文件，仅所注日期的版本适用于本文件。凡是不注日期的引用文件，其最新版本(包括所有的修改单)适用于本文件。

GB 3095 环境空气质量标准

GB 5084 农田灌溉水质标准

GB 4285 农药安全使用标准

GB/T 8321(所有部分) 农药合理使用准则

GB 15618 土壤环境质量标准

GB/T 18407.2 农产品安全质量 无公害水果产地环境要求

NY/T 393 绿色食品 农药使用准则

NY/T 394 绿色食品 肥料使用准则

NY/T 496 肥料合理使用准则通则

3 园地选择与规划

3.1 园地选择

核桃园地应具备下列条件：远离污染；光照充足，年日照不少于2000h；年平均气温为9~16℃，绝对最低气温为-25℃，无霜期在180天以上，年降水量500~700mm；选择背风向阳的缓坡丘陵地、平地或排水良好的沟平地；坡地以阳坡、半阳坡为好，坡度不要超过25°；土层深厚，保水和透气良好，土壤质地为沙壤土、轻壤土和中壤土，pH7.0~7.5；土壤含盐量低于0.25%；土壤厚度1m以上，地下水位在地表2m以下。选择含钙丰富的微碱性土壤，栽植核桃，坚果品质好。

3.2 园地规划

平地、滩地和6°以下的缓坡地，南北行向栽植；6°~15°的坡地，栽植行沿等高线栽植。规划营造防护林带及必要的排灌设施，划分作业区并建设必要的建筑物。

4 品种及苗木选择

选择结果早、丰产性好、早期产量高、抗逆性较强的经国家省级品种委员会审定的品种。建丰产密植园，土肥水条件较好可选用早实、矮冠、短枝型品种，如‘香玲’、‘丰辉’、‘辽核1号’、‘中林5号’等；土肥水条件中等、土壤深厚但无灌溉条件、管理水平一般的地块，可选用‘鲁丰’、‘中林1号’、‘辽核3号’、‘元丰’等。配置花期相同的品种作授粉树(见表1)，主栽品种与授粉品种的比例可按3:1~5:1，主栽品种同授粉品种的最大距离小于100m。

表1 核桃主栽品种和授粉品种的搭配表

主栽品种	授粉品种
‘晋龙1号’‘晋龙2号’‘西洛1号’‘西洛2号’‘鲁光’‘扎343’‘中林3号’‘中林5号’‘京试6’‘薄壳香’‘辽核1号’‘香玲’‘温185’‘西扶1号’‘中林1号’	‘京试6’‘扎343’‘薄壳香’‘薄丰’‘温185’‘扎343’‘京试6’‘辽核1号’‘中林3号’

苗木要求：1级苗高60cm以上，根径1.2cm以上，主根保留长度20cm，侧根5条以上。芽饱满充实，枝条木质化程度高，无机械损伤和检疫性病虫害。

5 栽植

5.1 整地

平地进行全面整地，定植前的头一年秋季按设计密度进行穴状整地，规格为1m见方。将挖出的表土与心土分开堆放，坑底每穴压入作物秸秆5kg，再施入有机肥25kg与土混合后填入坑内，注意不打破原土层。缓坡地建园时应先沿等高线挖穴，然后改修成梯田，梯田面宽20m可栽2行。

5.2 栽植时期

定植时间春栽或秋栽。春栽自土壤解冻至芽萌动前，秋栽自落叶至土壤封冻前，一般宜春栽。

5.3 栽植密度

早实品种建园时，可采用3m×4m、3m×5m、4m×5m或5m×6m。晚实核桃的株行距，可适当加大。立地条件好的园地，株行距可加大些；立地条件差的园地，可适当加大密度。

5.4 栽植方法

5.4.1 苗木处理

栽前进行根系修剪，使根系长度保持在15cm左右，在伤根处剪出新茬，并在3~5波美度石硫合剂中浸泡3min消毒，捞出后，沥干药液，再在清水中浸泡12~24h，使其充分吸水。

5.4.2 栽植技术

将苗木放入定植穴中央，使根系舒展，苗木扶直，边填土边提苗，踏实，使根系与土壤密接，不宜过深，根茎应露出地面。填土至地平，做畦，浇透水，待水渗下后覆1m^{2}地膜保墒。

6 土肥水管理

6.1 土壤管理

6.1.1 深翻扩穴

深翻宜在采果后到落叶前进行。深翻时尽量避免伤及直径1cm以上的粗根。深翻宽度为50cm左右，深度应稍深于核桃根系主要分布层，一般深度为60～70cm，可结合深翻施入有机肥、秸秆等。常用的深翻方法有如下几种：深翻扩穴、隔行深翻、全园深翻。

6.1.2 中耕除草

清耕果园在杂草萌芽后每年可进行3～5次。深度6～10cm为宜，可在春、夏、秋三季进行。

6.1.3 树盘覆草

在夏初气温迅速升高时进行覆草，覆草厚度20～25cm，树干周围20cm内不覆草。覆草后在草上面压土，以防风刮。以后每年加添，覆草以半腐烂秸草为好，3～5年翻耕一次。

6.1.4 地膜覆盖穴贮肥水

山区丘陵地核桃园，灌溉条件不好时，应推广地膜覆盖穴贮肥水技术，即在树盘周围均匀挖2～4个深和直径各40cm的穴，在其中填充杂草或作物秸秆等，然后施入适量复合肥，灌满水，上面用细土覆盖后，盖上地膜保墒，干旱时随时揭开地膜补充水分。

6.2 施肥

允许使用的肥料种类：有机肥料，包括堆肥、厩肥、沤肥、沼气肥、绿肥、作物秸秆肥、饼肥等农家肥、腐殖酸类肥和商品有机肥、有机复合(混)肥等；化肥，包括氮、磷、钾等大量元素肥料和微量元素肥料及其复合肥料等；微生物肥料，包括微生物制剂及经过微生物处理的肥料。

禁止使用和限制使用的肥料：禁止使用未经无害化处理的城市垃圾或含有重金属、橡胶和有害物质的垃圾；限制使用含氯化肥和含氯复合肥。

6.2.1 基肥

基肥以秋施为好，而且秋施基肥越早越好，基肥多以迟效性有机肥为主，包括厩肥、人粪尿、畜禽粪和绿肥等。基肥施用多采用环状沟或放射沟施肥方法，沟深宽各40cm左右。在采收后至落叶前施入，可与土壤深翻同时进行。施入量一般幼树每株20kg以上，初果树50kg以上，盛果树100kg以上，同时混入适量三元复合肥，施后灌足水。

6.2.2 追肥

6.2.2.1 土壤追肥

一般全年3次，采用放射状沟施或多点穴施，施后适量灌水。追肥适期和种类如下：

第一次发芽期追肥。以速效性氮肥为主，如尿素、硫酸铵等，此期施肥量占全年追肥量的50%。

第二次硬核期和核仁充实期追肥。以磷肥为主，幼树每株施尿素0.2kg，复合肥0.2kg。结果大树每株施尿素1kg、复合肥1kg、草木灰10kg。此期应占全年追肥量的30%。

第三次硬核后进行追肥。主要提高坚果的品质，又可促进花芽分化，为第二年结果打下基础。此期占全年追肥量的20%。

6.2.2.2　根外追肥

开花期，新梢迅速生长期，以氮肥为主，花芽分化期和果实发育充实期以磷钾肥为主，喷施浓度为尿素0.3%、过磷酸钙0.5%、硫酸钾0.2%、草木灰浸出液1%，可结合病虫害防治一起进行。

6.2.2.3　施肥方法

环状施肥：常用于4年生以下的幼树。具体做法是在树干周围，沿树冠的外缘，挖一深30~40cm、宽40cm的环状施肥沟，将肥料均匀施入埋好即可。施肥沟的位置每年随树冠的扩大而向外扩展。

放射状施肥：5年生以上的幼树比较常用。从树冠边缘的不同方向开始，向树干方向挖4~8条放射状施肥沟，沟的长短视树冠的大小而定，一般长为1~2m，沟宽40cm，深度依肥料种类不同而异，施基肥沟深为30~40cm，追肥为10~20cm。每年变更施肥沟的位置。

条状沟施肥：在核桃园的行间和株间挖成条状沟进行施肥。具体做法是，在树冠垂直投影边缘的两侧，分别挖平行的施肥沟。深度和宽度同其他方法，长度视树冠大小而定。

穴状施肥：此种方法多用于追肥。具体做法是，以树干为中心，从树冠半径的1/2处开始，挖成分布均匀的若干小穴，将肥料施入穴中埋好即可。

6.2　水分管理

6.2.1　灌水

要求灌溉水无污染，水质应符合GB/T 18407.2的规定。根据核桃生长发育需水规律，合理确定灌水时期，全年分4个时期：萌芽前、果实膨大期、硬核期(花后6周)、采收后结合施肥灌水。

6.2.2　排水

对于平地和自然排水不良的低洼地区，尤其是黏土涝洼地，应注意在雨季及时排水。

7　整形修剪

7.1　树形

主要树形有以下几种。

7.1.1　主干疏层形

有明显的中心干，干高一般为0.8~1.2m，树高3~4.5m，全树分三层，中心干上着生主枝5~7个。第一层主枝3个，第二层2个，第三层1~2个。各层主枝要上下错开，避免重叠，主枝的基角应大于60°。第一、二层主枝间距离为：早实核桃60cm，晚实核桃80~100cm，第二、三层主枝间距离为0.8~1.0m，各主枝向外分生2~3个侧枝。此树形适于晚实品种。

7.1.2　自然开心形

没有中心干，干高0.6~0.8m，主枝2~4个，每主枝配备侧枝2~3个，主枝角度自然开张。此树形适于早实品种。

7.1.3　小冠疏层形

干高为0.6～1.0m。全树分两层，第一层主枝3个，层内距40～60cm。第二层主枝1～2个。两层间距1.0～1.5m。第一层主枝选留2～3个侧枝，第一侧距主枝40～50cm。第二层主枝选留2个主枝。此树形适于早实品种。

7.2　修剪

7.2.1　修剪时期和方法

核桃修剪要避开严重伤流期。适宜修剪的时期应在采收后到叶片未变黄以前。春剪损失营养较多，且易碰伤幼嫩枝叶和幼果，故结果树以秋剪为宜，幼树则可全年修剪，可随时去掉不需要的枝条。修剪方法：一般采用短截(剪)、疏剪(枝)、回缩、摘心等。修剪注意事项：一是伤口须保护，一般用油漆涂封1～2次；二是留保护桩，一般剪口距芽要留2～3cm，防止因髓部失水影响顶芽的生长；三是保持树体生长与结果的平衡。

7.2.1.1　幼树及结果初期修剪

核桃幼树修剪的主要任务是培养树形，加速扩大树冠，促进分枝，形成各类枝组，提早结果。定植后定干，平原地定干高度60cm为宜，山地定干高度40cm。第二年开始逐渐进入迅速生长期，待发生分枝后，开始有目的地整形修剪，同时加强结果枝组的培养。早实核桃品种当年新梢就可在叶腋间形成花芽，雌芽为混合芽，雄芽为纯裸花芽，且成花率高、结果早、易早衰，所以应加大修剪量，多留单轴枝组，采用单枝或双枝更新，改善通风透光条件，防止内部枝梢早衰枯死和结果部位外移。早实核桃除‘丰辉’等少数品种大小年不明显外，大多数品种有大小年现象，要通过合理修剪，加强肥水管理等措施加以调节。

7.2.1.2　盛果期的修剪

一方面继续培养主、侧枝，调整各级骨干枝的生长势，使骨架牢固，长势均衡，树冠圆满，调节生长和结果的关系；另一方面，应在不影响骨干枝生长的前提下，充分利用辅养枝，早结果、早丰产。

对骨干枝利用上枝、上芽复壮延长枝；树冠外围枝适当疏除和回缩更新复壮结果枝组；按树冠外、中、内顺序培养小、中、大枝组；对辅养枝回缩和疏除，有空间的控制生长势，保留结果；对徒长枝采取有空就留，留下的改造、培养成小型枝组和留作更新。

7.2.1.3　衰老树更新修剪

此期修剪任务是更新骨干枝和枝组，恢复树势，更新复壮。骨干枝更新：衰弱骨干枝选有分枝处适当回缩或选新萌发的徒长枝代替原来骨干枝，重新形成树冠。核桃树潜伏芽的寿命较长，数量较多，回缩骨干枝后，潜伏芽容易萌发成枝，可根据需要进行选留、培养。枝组更新：大、中型枝组回缩短截到健壮分枝处。小型枝组去弱留壮、去老留新。树冠内出现的健壮枝和徒长枝，尽量保留培养成各类枝组，以代替老枝组。另外，应多疏去雄花序，以节约养分，增强树势。一般采用小更新，即从主枝中上部选留着生健壮的部位加以回缩，复壮剪口下部枝条。对老结果枝组适当疏剪。要对有碍主侧枝生长、影响通风透光的枝组进行回缩，过密的可以疏除。为防止结果部位外移，应不断更新枝组。多数为结果母枝时用壮枝带头继续发展，空间较小的可以去直留斜，缩剪到向侧面生长的分枝上，引向两侧生长，缓和生长势。背上枝组重剪促斜生。长势弱的枝头，下垂的枝组，要去弱留强，去老留新，抬高枝角，使其复壮。利用徒长枝培养结果枝组，充满内膛，补充空间，增加结果部位。衰老树上还可利用徒长枝培养成接班枝，更换枝头，使老树更新复壮。

8　花果管理

8.1　人工辅助授粉

将散粉(花序由绿变黄)或刚刚散粉的雄花序，放在干燥的室内或无阳光直射的地方晾干，经1～2天即可散粉，然后将花粉收集装入遮光小瓶中盖严，置于2～5℃的低温条件下保存备用。当雌花柱头开裂并呈倒八字形，并具有一定光泽时，用新毛笔蘸少量花粉，轻轻点弹在柱头上。还可将花粉配成悬浊液进行喷洒，花粉与水之比为1∶5000，其中加入10%蔗糖和0.02%硼酸。

8.2　疏除雄花

盛果期树雄花的疏除量为全雄花的疏除量的90%～95%，疏除大部雄花序，可节约大量养分和水分，雄花芽开始膨大为最佳疏除期。初结果幼树雄花少，不宜疏雄花。

8.3　疏果

疏果的时间可在生理落果期以后，一般在雌花受精后的20～30天，即当子房发育到1～1.5cm时进行。幼果疏除量应依树势状况及栽培条件而定，一般1m^2树冠投影面积保留60～80个果。3年生以内的早实核桃幼树，一般将幼果全部疏除。

9　病虫害防治

9.1　禁止使用的农药

禁止使用剧毒、高毒、高残留农药和致畸、致癌、致突变农药，如：包括六六六，滴滴涕，毒杀芬，二溴氯丙烷，杀虫脒，二溴乙烷，除草醚，艾氏剂，狄氏剂，汞制剂，砷、铅类，敌枯双，氟乙酰胺，甘氟，毒鼠强，氟乙酸钠，毒鼠硅，甲胺磷，甲基对硫磷，对硫磷，久效磷，磷胺，甲拌磷，甲基异柳磷，特丁硫磷，甲基硫环磷，治螟磷，内吸磷，克百威，灭威，灭线磷，硫环磷，蝇毒磷，地虫硫磷，氯唑磷，苯线磷，水胺硫磷，氧化乐果，灭多威。

9.2　主要病虫害防治

9.2.1　主要病害及其防治

9.2.1.1　核桃白粉病

连年清除病叶、病枝并烧掉，减少病菌来源；注意合理施肥，增强树势和抗病能力；发病初期用0.2～0.3波美度石硫合剂，或用50%甲基托布津可湿性粉剂1000倍液、15%粉锈宁可湿性粉剂1500倍液喷洒。

9.2.1.2　核桃褐斑病

消除病叶和结合修剪剪除病梢，深埋或烧掉，减少侵染病源；开花前后和6月中旬各喷一次1∶2∶200波尔多液或50%甲基托布津可湿性粉剂800倍液。

9.2.1.3　核桃炭疽病

选育抗病品种：栽植早实矮冠品种时，注意合理密植，保证行、株间通风透光良好；发芽前喷3～5波美度石硫合剂，消灭越冬病菌。展叶前和6～7月间各喷洒1∶0.5∶200波尔多液一次；发病严重的核桃园在5～6月发病期间，喷洒50%甲基托布津可湿性粉剂800～1000倍液，或喷洒40%退菌特可湿性粉剂800倍液，并与1∶2∶200波尔多液交替使用。

9.2.1.4　核桃黑斑病

选育和栽植抗病品种；保持树体健壮生长，增强抗病能力；及时消除病果、病叶、病枝，集中烧毁或深埋；发芽前喷洒3～5波美度石硫合剂。5～6月喷洒1∶0.5∶200波尔多液，或72%农用链霉素水剂4000倍液喷雾防治或50%甲基托布津可湿性粉剂800～1000倍液。

9.2.1.5　核桃枝枯病

加强栽培管理，提高抗病能力；清除病株、枯死枝，集中烧毁；冬季或早春树干涂白。涂白剂配制方法为：生石灰12.5kg、食盐1.5kg、植物油0.25kg、硫黄粉0.5kg、加水50kg配制而成。

9.2.1.6　核桃溃疡病

清除并销毁病虫枝；4月、5月、8月各喷一次50%甲基托布津200倍液或10%多菌灵可湿性粉剂50～100倍液；刮去病斑枝皮至木质部，涂刷3波美度石硫合剂。

9.2.1.7　核桃腐烂病

彻底刮除病斑后，涂刷50%甲基托布津可湿性粉剂50～100倍液，或10%多菌灵可湿性粉剂50～100倍液，杀菌消毒伤口，然后涂波尔多液保护伤口，但应做到刮早、刮干净；刮下的病皮集中烧掉；冬季和春季刮净腐烂病疤，并涂白涂剂，防止冻害和虫害引发此病；加强栽培管理。

9.2.1.8　日灼病

夏季高温期应注意园内灌水、降低温度、改善果园小气候；园内出现高温前向果实喷洒2%石灰乳液，降低果面温度。

9.2.2　主要虫害及其防治

9.2.2.1　核桃举肢蛾

成虫羽化出土前用50%辛硫磷200～300倍液喷洒树下土壤，成虫产卵期，树上喷洒1次2.5%功夫2000倍液。

9.2.2.2　刺蛾类

成虫出现期，用黑光灯诱杀；幼虫危害严重时，喷25%灭幼脲3号1000倍液防治。

9.2.2.3　木橑尺蠖

在幼虫3龄前喷50%辛硫磷1000倍液。

9.2.2.4　云斑天牛

成虫发生期，设黑光灯捕杀。发现虫孔后，清除粪便，用棉球蘸80%敌敌畏乳油5～10倍液塞入虫孔，并用泥封好口，毒杀幼虫。

10　果实采收

10.1　采收适期

核桃果实的成熟期，因品种和气候条件不同各异。早熟和晚熟品种成熟期可相差10～25天。核桃果实成熟的外观形态特征是：青果皮由绿变黄，30%顶部开裂，30%青果皮易剥离。此时的内部特征是种仁饱满、幼胚成熟、子叶变硬、风味浓香，是果实采收的最佳时期。提前采收，不仅影响产量，而且品质也会下降。

10.2 采收方法

10.2.1 人工采收法

在果实成熟时，用竹竿或带弹性的木杆敲击果实所在的枝条或直接触落果实。这是目前我国普遍采用的方法。该法的技术要点是，敲打时应自上而下，从内向外顺枝进行，以免损伤枝芽，影响翌年产量。

10.2.2 机械震动采收法

采收前10～20天，在树上喷布500～2000mg/kg乙烯利催熟，然后用机械震动树干，使果实震落到地面。此法的优点是，青皮容易剥离，果面污染轻。但其缺点是，因用乙烯利催熟，往往会造成叶片大量早期脱落而削弱树势。

11 采后处理

11.1 脱青皮

11.1.1 堆沤脱皮法

果实采收后及时运到室外阴凉处或室内，切忌在阳光下暴晒，然后按50cm左右的厚度堆成堆。若在果堆上加一层10cm左右厚的干草或干树叶，则可提高堆内温度，促进果实后熟，加快脱皮速度。一般堆沤3～5天，当青果皮离壳或开裂达50%以上时，即可用棍敲击脱皮。对未脱皮者可再堆沤数日，直到全部脱皮为止。堆沤时切勿使青皮变黑，甚至腐烂，以免污液渗入壳内污染种仁，降低坚果品质和商品价值。

11.1.2 药剂脱皮法

由于堆沤脱皮法脱皮时间长，工作效率低，果实污染率高，对坚果商品质量影响较大，所以可用乙烯利催熟脱皮，其具体做法是：果实采收后，在浓度0.3%～0.5%乙烯利溶液中浸蘸约半分钟，再按50cm左右的厚度堆在阴凉处或室内，在温度为30℃、相对湿度80%～95%的条件下，经5天左右，离皮率可高达95%以上。若果堆上加盖一层厚10cm左右的干草，2天左右即可离皮。

11.2 洗涤和漂白

11.2.1 洗涤方法

将脱皮的坚果装筐，把筐放在水池中，用竹扫帚搅洗。在水池中洗涤时，应及时换清水，每次洗涤5min左右，洗涤时间不宜过长，以免脏水渗入壳内污染核仁。如不需要漂白，洗后在席箔上晾晒即可。

11.2.2 漂白方法

在陶瓷缸内，先将次氯酸钠溶于5～7倍的清水中，然后把坚果放入缸内，用木棍搅拌3～5min。当坚果壳面变为白色时，立即捞出，并用清水洗2次后晾晒。用漂白粉漂洗时，先把0.5kg漂白粉加温水3～4L溶解开，滤去残渣，然后加清水，把洗好的坚果放入漂白液中，搅拌8～10min，当壳面变白时，捞出后清洗干净，晾干。

11.3 晾晒和烘干

11.3.1 自然晾晒法

洗好的坚果可在竹箔或高粱秸箔上阴干半天，待大部分水分蒸发后再摊放在芦席或竹箔上晾晒，切不可在阳光下暴晒，以免核壳破裂，核仁变质。坚果摊放厚度不超过 2 层果，以免种仁背光面变为黄色。注意避免雨淋和晚上受潮。一般晒 5 ~ 7 天即可。判断干燥的标准是：坚果碰敲声音脆响，横隔膜易于用手搓碎，种仁皮色由乳白变为淡黄褐色，种仁含水率不超过 8% 。

11.3.2　火炕烘干法

秋雨连绵时，可用火炕烘干。坚果的摊放厚度以不超过 15cm 为宜，过厚不便翻动，烘烤也不均匀，易出现上湿下焦；过薄易烧焦或裂果。烘烤温度：开始 25 ~ 30℃为宜，打开天窗，排出水蒸气。当烤到四五成干时，关闭天窗，将温度升至 35 ~ 40℃；待到七八成干时，将温度降至 30℃左右；最后用文火烤干为止。翻动适度：果实上炕后到大量水气排出之前，不宜翻动果实；经烘烤 10h 左右，壳面无水时才可翻动，越接近干燥，越勤翻动。最后阶段每隔 2h 翻动 1 次。

11.4　人工取仁

人工取仁多采用锤子人工砸取。砸仁时，应注意将缝合线与地面平行放置，用力要均，切忌猛击或多次连击，尽可能提高整仁率。砸仁前，一定要清理好场地，保持场地的卫生，不可直接在地上砸，坚果砸破后先装入干净的筐篓中或塑料布上，砸完后再剥出核仁。剥仁时，应戴上干净的手套，将剥出的核仁直接放入干净的容器或塑料袋内，然后再分级包装。

11.5　包装、分级、贮藏

11.5.1　包装

核桃坚果按等级用麻袋、纸箱或木箱包装。包装物应无任何异味和污染。包装时，应采取防潮措施，一般是在箱底和四周衬垫硫酸纸等防潮材料。装箱后，立即封严，捆牢，并注明重量、等级、地址、货号等。

11.5.2　分级

核桃坚果分为以下 4 级：

11.5.2.1　优级

坚果外观整齐端正(畸形果不超过 10%)，果面光滑或较麻，缝合线平或低；平均单果重不小于 8.8g；内褶壁退化，手指可捏破，能取整仁；种仁饱满，呈黄白色；壳厚度不超过 1.1mm；出仁率不低于 59% ；味香，无异味。

11.5.2.2　一级

外观同优级。平均单果重不小于 7.5g，内褶壁不发达，两个果用手可以挤破，能取整仁或半仁；种仁深黄色，较饱满；壳厚度 1.2 ~ 1.8mm；出仁率为 50% ~ 58.9% ；味香，无异味。

11.5.2.3　二级

坚果外观不整齐、不端正，果面麻，缝合线高；平均单果重不小于 7.5g；内褶壁不发达，能取整仁或半仁；种仁深黄色，较饱满；壳厚度 1.2 ~ 1.8mm；出仁率为 43% ~ 49.9% ；味稍涩，无异味。

11.5.2.4　等外

抽检样品中夹仁坚果数量超过 5% 时，列入等外。

坚果露仁、缝合线开裂、果壳表面或核仁表面有黑斑的，超过抽检样品数量的 10%

时，不能评为优级和一级。

11.5.3 贮藏

核桃贮藏一般采用普通室内贮藏和低温贮藏2种方法。

11.5.3.1 普通室内贮藏法

将晾干的核桃装入布袋或麻袋中，放在通风、干燥的室内贮藏或装入筐(篓)内堆放在阴凉、干燥、通风、背光的地方贮藏。为避免潮湿，最好在堆下垫石块，而且能防鼠害。少量种用核桃可装在布袋中挂起来，此法只能短期存放，不能完全过夏，过夏容易发生霉烂、虫害和有哈喇味。

11.5.3.2 低温贮藏法

长期贮藏核桃应在低温条件下。大量贮存可用麻袋包装，贮存在0～1℃的低温冷库中。少量贮量，可将坚果封入聚乙烯袋中，贮存在0～5℃的冰箱、冰柜中，可保存良好品质2年以上。

DB3704

枣　庄　市　地　方　规　范

DB3704/T 005—2014

无公害梨生产技术规程

2014-09-10 发布　　　　2014-09-10 实施

枣庄市质量技术监督局　　发　布

前　　言

本标准按照 GB/T 1.1－2009 给出的规则起草。

本标准由枣庄市林业工作站提出。

本标准由枣庄市林业局归口。

本标准起草单位：枣庄市林业工作站、滕州市林业局。

本标准起草人：刘加云、刘莼莼、孙中顺、马士才、刘新。

无公害梨标准生产技术规程

1 范围

本标准规定了无公害梨(*Pyrus sorotina*)产地的选择要求、灌溉水质量要求、土壤质量要求、空气质量要求。规定了生产的园地选择与规划、品种及砧木的选择、栽植、土肥水管理、整形修剪、花果管理、病虫害防治、果实采收等技术。

本标准适用于枣庄市行政区域范围内无公害梨的生产。

2 规范性引用文件

下列文件对于本文件的应用是必不可少的。凡是注日期的引用文件，仅所注日期的版本适用于本文件。凡是不注日期的引用文件，其最新版本(包括所有的修改单)适用于本文件。

GB 4285 农药安全使用标准

GB/T 8321 (所有部分) 农药合理使用准则

GB 15618 土壤环境质量标准

GB/T 18407.2 农产品安全质量 无公害水果产地环境要求

NY/T 393 绿色食品 农药使用准则

NY/T 394 绿色食品 肥料使用准则

NY/T 395 农田土壤环境质量监测技术规范

NY/T 396 农用水源环境质量监测技术规范

NY/T 397 农区环境空气质量监测技术规范

NY/T 496 肥料合理使用准则通则

NY 5013 无公害食品 林果类产品产地环境技术条件

NY/T 5102 无公害食品 梨生产技术规程

3 产地环境要求

3.1 灌溉水质量

灌溉水质量应符合表1规定。

表1　灌溉水质量指标

项目		指标
pH		5.5～8.5
总汞，mg/L	≤	0.001
总镉，mg/L	≤	0.005
总砷，mg/L	≤	0.10
总铅，mg/L	≤	0.10

3.2 土壤质量

土壤质量应符合表2规定。

表2　土壤质量指标

项目		指标(mg/kg)		
		pH＜6.5	pH6.5～7.5	pH＞7.5
总汞，mg/kg	≤	0.30	0.5	1.0
总砷，mg/kg	≤	40	30	25
总铅，mg/kg	≤	250	300	350
总镉，mg/kg	≤	0.30	0.30	0.60
总铬，mg/kg	≤	150	200	250
总铜，mg/kg	≤	150	200	200

注：本表所列含量限值适用于阳离子交换量＞5cmol/kg的土壤，若≤5cmol/kg，含量限值为表内数值的一半。

3.3　空气质量

空气质量指标应符合表3要求。

表3　空气质量指标

项目		浓度极限	
		日平均	1h平均
总悬浮颗粒物(标准状态)，mg/m^3	≤	0.30	—
二氧化硫(标准状态)，mg/m^3	≤	0.15	0.50
氟化物(标准状态)，ug/m^3	≤	7	20

注：日平均指任何一日的平均浓度；1h平均指任何一个小时平均浓度。

4　园地选择与规划

4.1　园地选择

选择生态环境良好、远离污染源的地区；土壤肥沃，有机质含量大于1%；土层深，活土层60cm以上。地下水位1.5m以下；壤土或沙壤土，排灌条件良好。pH6～8、0～30cm土层的含盐量低于0.3%，坡度15°以下。

4.2　园地规划

平地、滩地和6°以下的缓坡地，南北行向栽植；6°～15°的坡地，栽植行沿等高线延长。规划营造防护林带及必要的排灌设施，建设必要的建筑物。

4.3 品种及砧木选择

4.3.1 砧木选择

砧木选择以杜梨为主。

4.3.2 品种选择

主要有砀‘山酥梨’、‘早黄金’、‘早酥梨’、‘红香酥’、‘黄金梨’、‘大果水晶’、‘绿宝石’、‘新世纪’、‘新高’、‘爱宕梨’、‘圆黄’、‘丰水’、‘幸水’、‘花皮秋梨’等。

4.4 栽植

4.4.1 整地

按设计的株行距挖深60～80cm、宽80～100cm的栽植沟或栽植穴，沟(穴)底填20～30cm的作物秸秆。将挖出的土分层混入有机肥、磷钾肥，回填沟(穴)中，不打破原土层。然后灌足水，沉实。

4.4.2 栽植方式与密度

平地、滩地和6°以下的缓坡地按长方形定植；6°～15°的坡地按等高线定植。根据品种特性、砧木种类、土壤肥力，选择适宜的栽植密度。密度设计见表4。

表4 栽植密度设计表

密度(株/亩)	行距(m)	株距(m)	适用范围
111	3	2	矮化砧及计划性密植
66	4	2.5	半矮化砧及计划性密植
32～55	4～5	3～4	乔砧密植栽培

注：山地果园可适当密植。

4.4.3 授粉树配置

建园必须成行配置授粉树，选择花期一致、花量大的品种作授粉树，以15%～20%为宜。

4.4.4 苗木选择标准

选择二年生优质壮苗，苗高80～120cm，嫁接部位以上5cm处，茎粗0.8～1cm，侧根发达，至少5条以上，苗木整形带内饱满芽10个左右，对苗木伤根进行修剪。

4.4.5 栽植

栽植时间：秋栽、春栽均可。秋栽时间为10月下旬至11月上旬，春栽时间为春季土地解冻后，树苗发芽前栽。栽前应让苗木根系充分吸水。栽时按预先设计的主栽品种与授粉品种配置，挖好定植穴，将苗木放入穴中，随填土随提苗，使根系舒展，栽植深度掌握在根茎部位与地面平齐，踏实并浇透水，定植后立即定干，定干高度以80cm为宜，并用漆油或其他适宜材料涂抹剪口。

定植后做出1m^2的树盘或顺行做出1m^2宽的管理带。

5　土肥水管理

5.1　土壤管理

5.1.1　深翻改土

从幼树定植当年开始，每年秋季结合施有机肥，在定植穴(沟)外挖环状沟或平行沟，沟宽80cm、深40cm左右。深翻时将表层土与底层土分开，回填时混入有机土杂肥，熟土在下生土在上，然后灌水沉实，逐年扩展深翻，直至全园深翻一遍。

5.1.2　生草、覆草制与穴贮肥水

有灌溉条件的梨园提倡行间生草，可种植三叶草、苜蓿、鼠茅草以及绿豆等豆科植物，作绿肥使用。地下水位低的梨园，提倡树盘覆草，即将麦秸、玉米秸秆打碎后覆盖树盘，厚约20cm左右，以达到增肥、保墒、抑制杂草生长的目的。注意根茎周围20cm以内不要覆草，保持根茎周围通风透气，防止烂根。

山区丘陵地梨园，灌溉条件不好时，应推广穴贮肥水地膜覆盖技术，即在树盘周围均匀挖2~4个深和直径各40cm的土穴，在其中填充杂草或作物秸秆等，然后施入适量复合肥，灌满水，上面用细土覆盖后，盖上地膜保墒，干旱时随时揭开地膜补充水分。

5.1.3　中耕除草

清耕果园，生长季节应经常中耕除草，保持土壤疏松，促进根系活动旺盛。中耕深度以10cm左右为宜。

5.2　施肥

5.2.1　基肥的施用

5.2.1.1　基肥的施用时间

基肥一般于10月上旬至11月初进行，宜早不宜晚。可结合深翻改土进行。

5.2.1.2　基肥的种类

基肥是腐熟好的羊粪、牛粪、鸡粪、猪粪等土杂肥，动物粪便需经50℃以上发酵7天。沼渣也是一种好有机肥料，易被果树吸收。

5.2.1.3　基肥的用量

基肥要占全年施肥总量的90%以上。幼树株施有机肥30kg左右，结果树具体亩施肥量按每生产1kg梨施1.5~2kg优质有机肥标准施入，一般盛果期梨园每亩施3000kg以上。

5.2.1.4　施肥方法

主要有环状沟施、放射沟施、全园撒施等。环状沟施即在树冠投影外缘挖一环状沟，沟宽30cm，沟深40~50cm。此法多用于幼树，环状沟的位置应每年随着树冠的扩大而外移。放射沟施以树干为中心，沿水平根系伸展方向挖沟，一般4~6条，沟宽30~45cm，深40~50cm，距树干1~1.5m处，沟的深度由内向外逐渐加深，内窄外宽，此法伤根较少，适于成年梨树。全园撒施适于成年梨园和密植梨园，即将肥料均匀撒于园内，结合深翻翻入土中，耕翻深度以20~25cm为宜，此法施肥能广泛被根系吸收。沼肥作基肥施用要在11月~翌年3月中旬进行，依树盘大小开挖环状沟，将沼渣均匀倒入沟内覆土。

5.2　追肥

萌芽前10天，追全年氮肥用量的20%，落花后再施入20%，同时施入全年钾肥用量的50%。果实膨大期施入全年钾肥用量的40%和氮肥用量的10%。其他时期可根据情况，结合喷药进行叶面追肥，一般半月一次，以 0.5% 尿素液和 0.5% 磷酸二氢钾溶液交替施用为好。

5.3 灌水

根据土壤墒情，一般灌水时期在萌芽前、谢花后、果实膨大期、采果后、封冻前等5个时期。提倡喷灌、滴灌，漫灌后应及时松土保墒。特别是基肥施入后，要浇 1 ~ 2 次透水。浇水后可用作物秸秆、杂草等物覆盖保墒，并在地表半干时松土，以减少水分蒸发。

5.3 排涝

多雨季节，要挖沟排水，防止园地积水影响根系呼吸，保护好叶片。

6 整形修剪

6.1 树形

6.1.1 小冠疏层形

适于中密度梨园。基本要求：树高 3m、主干高 60 ~ 80cm、冠幅 2.5 ~ 3m，第一层主枝 3 个，层内距 20 ~ 30cm，第二层主枝 2 个，层内距 10 ~ 20cm，第三层主枝 1 个，一、二层间距 60 ~ 80cm，二、三层间距 40 ~ 60cm，所有主枝一律不配侧枝，全部单轴延伸，其上直接着生结果枝组。

6.1.2 纺锤形

适于密植梨园。树高 2.5 ~ 3m，主干高 60 ~ 80cm。中央领导干上直接着生 10 ~ 12 个单轴延伸的主枝，围绕主干螺旋式上升，间隔 15 ~ 20cm，主枝角度 80° ~ 90°，主枝上直接着生结果枝组。

6.3 修剪

6.3.1 幼龄树修剪

以轻剪长放、多疏少截为主。选择部位适宜的枝作主枝，中短截培养树形骨架，并拉枝开角。对层间过渡枝及主枝上着生的枝条尽量长放。几年后，在适当时期剪除或更新。

6.3.1 盛果树的修剪

这时期以调节营养生长与生殖生长的平衡关系为重点，促进树势中庸健壮，保持花芽饱满。及时回缩或去除层间过渡枝，保持层间通风透光。对主枝上着生的结果枝组及时更新，保持枝组年轻化。冬季修剪与生长季节修剪相结合，及时落头开心，疏除背上直立徒长枝和过密枝，亩枝量保持 8 万枝左右。

6.3.3 衰老树修剪

盛果期过后，当产量开始下降时，应及时进行更新复壮。大枝每年更新 1 ~ 2 个，小枝组全部进行有序更新。

7 花果管理

7.1 授粉

自然授粉不好的园片，应利用养放蜜蜂、壁蜂授粉或人工点授等方法辅助授粉。人工授粉时应先疏花再授粉。

7.2 疏花疏果

疏花疏果，树冠内中部多留，外部枝梢部分少留，侧生枝背下果多留，背上果少留。

疏花疏果越早越好。每隔约 20cm 留一个花序，大型果每花序留一个发育最好边果，小型果每花序留两个发育最好的边果。

7.3 果实套袋

选择正规厂家生产的透气良好、抗风雨的梨双层专用纸袋。套袋时间在谢花后 10 ~ 20 天疏果完成后进行。顺序上，应先套果皮色深、果点大而密的品种，后套果皮色浅、果点稀小的品种。套袋时要“由难到易”，先树上后树下，先内膛后外围，防止套袋过程中碰落果实。套袋前应喷防治黑星病、轮纹病、黄粉蚜、粉蚧、梨木虱等病虫害的药剂，以水溶剂、粉剂为宜，忌用机油乳剂，更不能用对果皮有刺激性的药剂，如铜制剂、三唑类、代森锰锌类、标有“F”复合剂及磷酸锌尿素、黄腐酸盐类等农药。可选用甲基托布津、1.5% 多抗霉素、喷克、10% 宝丽安等。待药液干后即行套袋。套袋时，让纸袋鼓起而不让果皮贴近纸袋，在果柄处扎紧口。除袋在果实采收前 15 天左右，着色品种在采前 20 ~ 30 天。

8 病虫害防治

8.1 农业防治

加强管理，合理施肥，增施有机肥，防止偏氨，增强树体本身的抗病能力。做好夏剪，保持园中良好通风透光，降低病原菌繁殖和传播侵染。严格疏花疏果，保持树体健壮。

在果品收获后及梨树冬季休眠期，要认真清理果园，结合修剪，剪除病虫枝，清除落地果及枯枝落叶，并运出园外销毁，对树干、主枝基部涂白，在锯口、虫伤处涂抹保护剂。冬季刮粗老翘皮和病斑，涂抹防治腐烂病药剂。翌年 3 月中旬刮除介壳虫，摘除被害虫梢。园区 5km 以内不得种植松柏。.

8.2 物理防治

9 ~ 10 月份树干绑草把或麻袋片、碎布等物，诱杀桃柱螟等越冬幼虫集中销毁。每年 2 月下旬在树干扎塑膜胶带或涂黏虫胶。也可用糖醋液(糖: 水: 醋 = 1: 16: 4)或黑光灯、昆虫性诱剂诱杀梨小食心虫及苹果蠹蛾。用果实套袋可防止病虫侵害。用杀虫灯也可以杀死害虫的成虫，减少产卵数量。

8.3 生物防治

保护利用蜘蛛、捕食螨、草蛉、瓢虫、捕食蓟马、食蚜蝇、益鸟及病原微生物等，通过果园生草或间作饲草、药物、设置天敌隐蔽场所等方式，招引天敌。饲养并释放天敌，扩大天敌种群。

8.4 化学防治

根据防治对象的生物学特性和危害特点，选用高效、低毒、低残留、安全的农药品种，提倡选用生物源、矿物源农药，少量使用低毒的有机合成农药，科学掌握防治适期及有效最低浓度，尽量减少施药数量和次数，严格遵守施药到采收的间隔时间。严禁使用下列农药：甲拌磷、乙拌磷、久效磷、对硫磷、甲基对硫磷、甲基异硫磷、氧化乐果、磷胺、克百威、涕灭威、灭多威、杀虫脒、三氯杀螨醇、克螨特、砷制剂及其他国家严禁在农作物中使用的农药。规范使用的化学药剂及使用准则执行表 5、表 6 规定。

表 5　杀虫杀螨剂

农药名称	每年最多使用次数	安全间隔期(天)
吡虫啉	—	—
毒死蜱	—	—
1.8%阿维菌素	—	—
氯氟氰菊酯	2	21
氯氰菊酯	3	21
甲氰菊酯	3	30
氰戊菊酯	3	14

注：所有农药的施用方法及使用浓度均按国家规定执行。

表 6　杀菌剂

农药名称	每年最多使用次数	安全间隔期(天)
烯唑醇	3	21
氯苯嘧啶醇	3	14
氟硅唑	2	21
亚胺唑	3	28
代森锰锌·乙膦铝	3	10
代森锌	—	—

注：所有农药的施用方法及使用浓度均按国家规定执行。

8.5　梨园主要病虫害的防治

8.5.1　梨黑星病的防治

8.5.1.1　人工防治

春季梨落花后，剪除病梢，摘除病叶；冬季清除病落叶、病果，进行深埋或烧毁。

8.5.1.2　药剂防治

落花后半月和7～8月份喷药防治。喷药需均匀周到，喷药后遇雨，需要及时进行补喷。药剂可选用20%代森铵1000倍液，40%代森锰锌乳粉300倍液；50%多菌灵可湿粉600倍液；70%甲基托布津可湿粉1000倍液；80%退菌特可湿粉600倍液；40%新星乳剂8000～10000倍液等。为增加药液黏着性，减少雨水冲刷，可加入相当药液量1/3000～1/4000的皮胶。喷药要求均匀、周到，使果面和叶片正反面都能着药。若先年发病重，当年雨水多、湿度大、有易感品种，要增加喷药次数。

8.5.2　梨黑斑病的防治

8.5.2.1　选栽抗病品种

‘菊水’、‘黄蜜’、‘晚三吉’、‘铁头梨’等较抗病，‘20世纪梨’易感病。

8.5.2.2　人工防治

清洁果园清除病叶、病果、病枝梢等集中烧毁或深埋。加强栽培管理增施有机肥料，合理修剪，提高树体抗病力。

8.5.2.3　药剂防治

在春季梨芽萌动前，周密喷洒5波美度石硫合剂，可消灭树体越冬病菌；在芽萌发后，开花前，末花期及雨季前，喷布70%代森锰锌可湿性粉500倍液；或50%扑海因可湿性粉1500倍液；或10%多氧霉素1000～1500倍液。

8.5.3 炭疽病的防治

8.5.3.1 铲除病源

冬季结合修剪，把病菌的越冬场所，如干枯枝、病虫为害破伤枝及僵果等剪除，并烧毁。

8.5.3.2 加强栽培管理

多施有机肥，改良土壤，增强树势，雨季及时排水，合理修剪，及时中耕除草。

不偏施氮肥，增施磷、钾肥，培育壮苗，以提高植株自身的抗病力。适量灌水，阴雨天或下午不宜浇水，预防冻害。

8.5.3.3 药剂防治

梨树发芽前喷5波美度石硫合剂，或5%～10%重柴油乳剂。发病严重的，从5月下旬或6月初开始，每15天左右喷1次药，直到采收前20天止，连续喷4～5次。雨水多的年份，喷药间隔期缩短些，并适当增加次数。药剂可用200倍石灰过量或波尔多液，或50%扑海因可湿性粉1500倍液，或65%代森锌500倍液，或70%甲基托布津600倍液。

8.5.3.4 果实套袋

在套袋之前，最好喷一次50%退菌特可湿性粉剂600～800倍液。

8.5.4 轮纹病的防治

8.5.4.1 人工防治

加强树体管理，增强树势。病叶、病梢、病果及时摘除，搞好冬季清园消毒，刮除枝干病斑，并涂20%浓碱水或石硫合剂溶液。

8.5.4.2 喷药防治

梨树发芽前喷5波美度石硫合剂，谢花后喷一次62.25%的仙生600倍液，隔12～15天重复一次，以后每半个月喷一次80%的大生M－45 800倍液，与仙生或倍量式波尔多液交替使用。5～7月还可用果病一次净或50%灭菌丹400倍液或多福锰锌或炭轮烂果灵防治。梨果采前喷一次灭菌丹加代森锌，防果实贮藏期病害。

8.5.5 梨黄粉蚜的防治

8.5.5.1 人工防治

秋末至早春发芽前刮除粗皮翘皮，并清除树上的残附物，集中烧毁，以消灭越冬卵。

8.5.5.2 药剂防治

要抓住两个关键时期。①越冬卵孵化后的若虫爬行期(春开花末期)。及时喷药，可选用25%的噻虫嗪3000倍液；或10%吡虫啉可湿性粉剂2000倍液。②从6月下旬开始转果危害时喷药防治，使用农药与前期相同，注意轮换用药，防止产生抗药性。注意苗木除虫，保护天敌等。

8.5.6 梨木虱的防治

8.5.5.1 人工防治

休眠期彻底清除树上、树下残枝、残叶及落地枝叶杂草，集中烧毁。

早春刮除老树皮，消灭越冬成虫。冬季大水漫灌果园亦可消灭大部分越冬成虫。

8.5.5.2　药剂防治

关键是于越冬成虫出蛰盛期末大量产卵前以及第1代卵孵化盛期(梨末花期)各喷药1次。如30%桃小灵乳油2500倍液或25%的噻虫嗪3000倍液；20%敌虫菊酯乳剂3000~4000倍液；20%螨克乳油2000倍液。农药使用中，应避免连续使用同种药剂，以免梨木虱产生抗药性，尤其是合成除虫菊酯类农药，每年只用1次。

8.5.7　山楂叶螨

8.5.7.1　人工防治

在越冬雌虫下树前在主干基部捆绑草把诱集越冬雌螨，于次年化冻前将草把取下烧掉。

8.5.7.2　药剂防治

结合防治其他害虫，在冬季休眠期刮除老翘树皮，集中烧毁，并在发芽前喷布1次5波美度石硫合剂，消灭越冬雌螨。

8.5.7.3　保护天敌，综合防治，合理用药

山楂叶螨的天敌类群及数量较多，常将叶螨种群数量控制在为害不明显的水平上。例如：食螨瓢虫、小花蝽、中华草蛉等等，它们的抗药能力都较差，因此，应尽量选用高效、安全的选择性杀虫剂。另外，强调果园的综合防治，以减少打药次数。

8.5.7.4　化学防治

在花前、花后和麦收前后，当每百片叶上雌成虫超过20头时，立即喷药。可选用30%蛾螨灵可湿性粉剂2000液倍，螨死净可湿性粉剂2000倍液，15%达螨灵2500~3000倍液。

8.5.8　梨大食心虫的防治

8.5.8.1　人工防治

冬剪时剪除越冬虫芽，集中烧毁。及时摘虫果和“吊死鬼”，集中深埋。或放入天敌保护器中，培养利用寄生蜂，消灭梨大食心虫的幼虫和蛹。梨园挂杀虫灯杀死成虫，根据杀虫灯功率的大小，决定悬挂数量，一般每20~50亩，悬挂一个。

8.5.8.2　药剂防治

抓住两个关键时期，一是1~2代越冬幼虫出蛰转芽期，二是2~3代幼虫转果期。常用杀虫剂有：10%天王星乳油6000~8000倍液；50%杀螟松乳油1000倍液；25%苏脲1号1000倍液；25%灭幼脲3号1000~1500倍液。

8.5.9　梨茎蜂

8.5.9.1　人工防治

冬季结合修剪，剪除被害枯枝，或用铁丝插入被害的二年生枝内刺死幼虫或蛹，减少越冬虫源。4月中旬至5月上旬从断口下1~2cm处剪除被害嫩梢。早春梨树抽梢时，利用成虫的群栖习性和停息在树冠下部新梢叶背的习性，于早晚或阴天捕捉成虫。

8.5.9.2　药剂防治

3、4月上中旬成虫盛发期喷药防治，常用药有25%的噻虫嗪2500~3000倍液；20%啶虫脒粉剂6000倍液。最好于中午前后喷，2天内喷完。

8.5.10　梨小食心虫

8.5.10.1　人工防治

建园时尽量避免桃、李等与梨、苹果混栽，已混栽的，则分别明确防治重点，6月中旬前以桃为主，6月中旬以后以梨为主。冬季刮除枝干上粗皮翘皮，集中烧毁。

8.5.10.2 剪除被害桃梢

6月中旬前，发现桃梢萎蔫，及时从被害部下面剪除，集中烧毁。桃树上尽量用此法。成虫发生期在果园内每隔3~4株挂糖醋液诱蛾。糖醋液比例为糖:醋:水=1:4:6，糖醋液用玻璃罐头空瓶装，不要装太满，上部留3cm空隙。日落后挂出，翌晨取回。

8.5.10.3 化学防治

成虫发生盛期用以下药剂防治。未结果的幼年树可以用25%的西维因可湿性粉剂200倍液，灭扫利1500倍液或1500~2000倍液的灭幼脲3号皆可。结果树只喷1500~2000倍液的灭幼脲3号。

9 果实采收

采收时间应根据果实的成熟度和运输销售的远近等因素确定适宜采收期。采收时采用的果筐、果篮等器具应垫有蒲包等。采收人员应剪短指甲，采果时由外到内，由下往上采，轻拿轻放，防止果实碰压伤，尽量避免损坏枝叶及花芽，同时注意保证果柄完整。采果时宜在晴天上午10:00以前进行，在阴凉处预冷后包装。

附录 A
梨园主要病虫害的防治历

A.1 休眠期

结合冬剪,彻底清除落叶、落果、僵果、病枝、枯死枝、蝉害枝等;彻底刮除枝干翘皮、粗皮、腐烂病斑等,并用10波美度石硫合剂涂抹;刨树盘杀树下越冬虫蛹及越冬幼虫等。

A.2 萌芽前

喷一遍5波美度石硫合剂，或45%晶体石硫合剂40~60倍。可消灭越冬病虫，降低病虫基数。

A.3 芽萌动至开花前

处理多种病虫越冬场所、清除各种病虫残体组织。喷施5%菌毒清水剂200倍，加混1.8%阿维菌素5000倍，防治腐烂病、黑星病、轮纹病、干腐病、梨木虱、黄粉虫、介壳虫、害螨等。缺铁树，可树体注液1%的硫酸亚铁。

A.4 开花期至新梢生长期

人工剪除梨茎蜂虫梢，捕杀金龟子等；喷施10%吡虫啉3000倍，加混50%多菌灵800倍或80%大生M-45，800倍液。施药应尽量避免盛花期，尽量安排在落花70%以后。防治梨茎蜂、二叉蚜、梨木虱、金龟子、梨黑星病、轮纹病等。

A.5 新梢停止生长期

每10~15天喷药一次，果套袋前彻底杀灭害虫及病源菌。喷施12.5%特谱唑2500倍，加混1.8%阿维菌素5000倍，防治梨黑星病、轮纹状烂果病、梨木虱、椿象、黄粉虫、锈叶螨等；防治黄叶病可喷黄叶灵200倍。

A.6 6~7月份花芽分化至果实膨大期

每隔10~15天喷施5%菌毒清300~400倍液，加10%吡虫啉2500倍，或20%啶虫脒粉剂6000倍液，或1.8%阿维菌素5000倍液，防治梨木虱、黄粉虫、椿象、害螨、梨黑星病、轮纹状烂果病等，以上杀菌剂可与1:2:260倍波尔多液交替使用。每隔10天开袋一次，如袋内病虫超过防治指标，立即解袋防治。7月份梨小食心虫成虫羽化期，悬挂性诱剂，诱杀成虫。

A.7 8月果实膨大至成熟期

摘除发病的病果、病叶，深埋或带出果园焚烧；喷施80%大生800倍，或菌毒清600倍，或40%福星8000倍液，加灭幼脲3号25%悬浮剂2500倍液。防治梨黑星病、轮纹状烂果病、黄粉虫、梨木虱等。此期多为雨季，喷药时加农药黏着剂。

A.8 采收前

不再使用波尔多液，以免污染果面；每隔8~10天喷一次0.5%楝素杀虫乳油500倍液，或2.5%鱼藤酮400倍液，或3%中生菌素1000倍液，加40%多菌灵800倍液。防治轮纹烂果病、梨黑星病、梨小食心虫以及毛虫类害虫。

A.9 采收后

秋施有机肥，一次施肥量为全年施肥量的70%左右；冬季修剪，剪除病虫枝；刮除腐烂病、干腐病斑；树干涂白。

DB3704

枣　庄　市　地　方　规　范

DB3704/T 006—2014

无公害苹果生产技术规程

2014-09-10 发布　　2014-09-10 实施

枣庄市质量技术监督局　发布

前　　言

本标准按照 GB/T 1.1－2009 给出的规则起草。

本标准由枣庄市林业工作站提出。

本标准由枣庄市林业局归口。

本标准起草单位：枣庄市林业工作站、山东省果树研究所。

本标准起草人：刘加云、徐晶晶、黄宪怀、申国胜、张坤鹏。

无公害苹果标准生产技术规程

1 范围

本标准规定了无公害苹果(*Malus domestica*)产地环境的选择技术要求、灌溉水质量要求、土壤质量要求、空气质量要求及试验方法。规定了生产园地选择与规划、品种、砧木与苗木选择、栽植、土肥水管理、修剪、花果管理、病虫害综合防治、果实采收、分级包装和运输。

本标准适用于枣庄市行政区划范围内的无公害苹果生产。

2 规范性引用文件

下列文件对于本文件的应用是必不可少的。凡是注日期的引用文件，仅所注日期的版本适用于本文件。凡是不注日期的引用文件，其最新版本(包括所有的修改单)适用于本文件。

GB 4285　农药安全使用标准

GB/T 5618　土壤环境质量标准

GB/T 8170　数值修约规则与极限数值的表示和判定

GB/T 8321(所有部分)　农药合理使用准则

GB/T 18407.2－2001　农产品安全质量 无公害水果产地环境要求

NY/T 393　绿色食品 农药使用准则

NY/T 394　绿色食品 肥料使用准则

NY/T 395　农田土壤环境质量监测技术规范

NY/T 396　农用水源环境质量监测技术规范

NY/T 397　农区环境空气质量监测技术规范

NY/T 496　肥料合理使用准则通则

NY/T 5012　无公害食品 苹果生产技术规程

NY 5013　无公害食品 林果类产品产地环境技术条件

3 无公害苹果产地环境要求

3.1 产地选择

无公害苹果产地应选择在生态条件良好、远离污染源、具有可持续生产能力的农业生产区域。

3.2 灌溉水质量指标

灌溉水质量指标应符合表1要求。

3.3 土壤质量指标

土壤质量指标应符合表2要求。

表1 灌溉水质量指标

项目		指标
氯化物，mg/L	≤	250
氰化物，mg/L	≤	0.5
氟化物，mg/L	≤	3.0
总汞，mg/L	≤	0.001
总砷，mg/L	≤	0.10
总铅，mg/L	≤	0.10
总镉，mg/L	≤	0.005
铬(六价)，mg/L	≤	0.1
石油类，mg/L	≤	10
pH		5.5~8.5

表2 土壤质量指标

项目		指标		
		pH<6.5	pH 6.5~7.5	pH >7.5
总汞，mg/kg	≤	0.30	0.5	1.0
总砷，mg/kg	≤	40	30	25
总铅，mg/kg	≤	250	300	350
总镉，mg/kg	≤	0.30	0.30	0.60
总铬，mg/kg	≤	150	200	250
六六六，mg/kg	≤	0.5	0.5	0.5
滴滴涕，mg/kg	≤	0.5	0.5	0.5
铜，mg/kg	≤	150	200	200

3.4 空气质量指标

空气质量指标应符合表3要求。

表3 空气质量指标

项目		日平均	1h平均
总悬浮颗粒物(TPS)(标准状态)，mg/m^3	≤	0.3	—
二氧化硫(SO_2)(标准状态)，mg/m^3	≤	0.15	≤0.50
氮氧化物(NOx)(标准状态)，mg/m^3	≤	0.12	≤0.24
氟化物(F)，$\mu g/(dm^2 \cdot d)$	≤	月平均10	—
铅(标准状态)，$\mu g/m^3$	≤	季平均1.5	

3.5 试验方法

3.5.1 灌溉水质量指标检测

按GB/T 18407.2中4.2条规定执行。

3.5.2 土壤质量指标检测

按GB/T 18407.2-2001中4.4条和NY 5013-2001中5.3.5条规定执行。

3.5.3 空气质量指标检测

按 GB/T 18407.2－2001 中 4.6 条规定执行。

3.6 检验规则

3.6.1 采样方法

3.6.1.1 环境空气质量监测的采样方法

按 NY/T 397 执行。

3.6.1.2 灌溉水质量监测的采样方法

按 NY/T 396 执行。

3.6.1.3 土壤环境质量监测的采样方法

按 NY/T 395 执行。

3.6.2 检验结果数值修约

按 CB/T 8170 执行。

4 园地选择与规划

4.1 园地选择

无公害苹果产地应选择生态条件良好、远离污染源(造纸厂、水泥厂、印染厂、化工厂等)、具有可持续生产能力的农业生产区域。要求土壤肥沃，土壤有机质含量最好在1%以上，土壤总盐量不超过1.5%。水浇条件良好，地下水位在1m以下，避免连作。

4.2 园地规划

科学合理确定株行距，并按主栽品种习性搭配授粉树，合理安排作业区、道路和果园生产用房，配备果园排灌设施。南北行向栽植，果园四周设置防护林带。

5 品种、砧木与苗木选择

5.1 选择原则

选择市场前景好、优质丰产、适应性广、商品性好的品种。选择亲和力好、抗逆性强的砧木。苗木应选择优质壮苗。

5.2 苗木选择

选用二年生优质壮苗，以脱毒苗最好。苗木无病虫害，有5条以上侧根，高120cm左右，嫁接部位以上5cm处茎粗1.0cm以上。整形带内有8个以上饱满芽，根与干无干缩皱皮及损伤，砧穗结合愈合良好，砧桩剪口完全愈合。

5.3 砧木、品种选择

砧木以河北怀来八棱海棠和平邑甜茶为主，矮化砧或矮化中间砧可以选择SH、M7、M9、M26、MM111等。品种主要有优系富士1号~6号、‘新乔纳金’、‘皇家嘎拉’、‘太平洋嘎拉’、‘红将军’、‘藤牧1号’、‘美国8号’等。应按主栽品种习性选配授粉品种。

6 栽植

6.1 栽植时间

秋栽时间以落叶后至11月上中旬为宜，春栽以发芽前为宜。

6.1 栽植密度

乔砧普通型品种建园，平地一般株行距4m×5m，山地一般3m×4m；乔砧短枝品种建园，平地一般(2~3)m×4m，山地一般2m×(2~3)m。

6.2 行向及配置方式

平地建园南北行向，按长方形配置；山坡地行向沿等高线配置。主栽品种与授粉品种比例(4~5):1。注意：三倍体品种应配置两个二倍体的品种做授粉树。

6.3 栽植方法

栽前整平土地，按株行距挖树穴或栽植沟，深宽60~80cm，将表面10~20cm的熟土与底层生土分开放置。沟穴底部填30cm厚的作物秸秆，将挖出的底层土掺上腐熟的有机肥(每株20~25kg)、磷肥(过磷酸钙每株1~2kg)、钾肥(硫酸钾每株0.1~0.2kg)充分混匀，回填沟穴中，灌足水沉实土壤，然后覆上一层表土保墒。栽植时挖深、宽各30cm的栽植穴，将苗放入中央，使根系充分舒展，边填土边提苗，深度与苗木在苗圃的深度相同，然后踩实，沿树周围作成80~100cm的树盘，浇透水，水渗后覆盖地膜保墒。定植后立即定干，剪口下留迎风饱满芽，剪口处涂油脂或油漆保护，防止蒸发。定干高度依密度而定，密度越大定干越高，一般60~80cm。

7 土肥水管理

7.1 土壤管理

7.1.1 深翻扩穴改土

于每年秋季果实采收后结合施基肥进行。在定植穴外挖环状沟；在定植沟外挖平行沟，沟宽80cm、深60cm。以后每年在同一时间依次向外继续深翻，直到全园深翻一遍为止，土壤回填时混合腐熟的有机肥，填后充分灌水，使根与土壤密接。

7.1.2 中耕

清耕制的果园在生长季节降雨或灌水后，应及时中耕松土，中耕深度5~10cm。

7.1.3 覆草

山地果园可采用覆草制，覆草一般在春季施肥、灌水后进行，也可在6月中旬进行。覆盖用草可选用麦秸、麦糠、玉米秸、杂草等。将草覆盖在树冠下，厚度15~20cm，其上和边缘压少量土，注意树干根径周围20cm以内不要覆草，防止通气不良造成烂根。连续覆草3~4年后翻一次，也可结合深翻开沟埋草。

7.1.4 行间生草

灌溉条件好的果园提倡行间生草。在树行间种植草带，可选择三叶草、黑麦草、草木樨、毛叶苕子、田菁、百脉根等，也可采取自然生草。每年刈割3~6次，留茬高8~10cm。将割下的草撒覆于树盘，也可作绿肥进行翻压。

7.1.5 间作

定植1~3年内，行间可合理间作矮秆作物，如豆类、花生、草莓等，进入结果期后，禁止间作。

7.1.6 起垄栽培

平原地果园提倡起垄栽培，以利于活跃表层根系，方便雨季排水，防止涝灾，减少病害。垄高10~15cm为宜，垄宽与树冠冠幅相齐，中间高，外围低。

7.1.7 穴贮肥水

山地果园因灌溉、肥力条件较差，提倡穴贮肥水。方法是：在其树冠投影边缘向内移50~70cm处挖穴，穴个数依树冠大小而定，一般冠径4m左右挖4个穴，冠径6~8m挖6~8个穴。穴径20~30cm，深40cm。在穴内放置直径20cm、长35cm的草把，草把可选用麦秸、谷草、玉米秸等，上下两道绑紧，捆好后放在水中浸泡，然后放在穴中央，掺入5kg土杂肥和150g过磷酸钙、100g尿素，灌水4~5kg，填土踩实、整平，最后每穴覆盖1.5~2m^2的地膜，边缘用土压严，中央正对草把上端穿一小洞，用石块堵住，以便将来浇水施肥。肥穴一般可维持2~3年，地膜破损后应及时更换，再次挖穴时更换位置，以扩大改良面积。

7.2 施肥

7.2.1 秋施基肥

秋季果实采收后立即施用，未结果树在白露至秋分期间施。以农家肥为主混入少量氮肥和全年所需的磷肥。幼树每亩地施2500~3000kg土杂肥，混入20kg尿素或磷酸二铵或80~100kg过磷酸钙，5年生以上的树每亩地施4000~5000kg土杂肥，混入40~50kg尿素或磷酸二铵或100~150kg过磷酸钙。幼龄果园每年于树冠外缘开宽、深各50cm的环状沟施基肥，大树可根据树冠大小开环状沟或放射沟施基肥。放射沟施是在树冠下以树干为圆心、从离树1~1.5m处向四周挖6~8条宽40cm、里深20cm、外深40~50cm的放射状沟，沟的外端要超过树冠外缘投影处。密植园采用条状沟施肥，在果园顺行向挖沟。从树冠投影外缘，挖宽、深各40~50cm的条沟，施入基肥要回填并浇透水。

7.2.2 地下追肥

每年3次。第一次在萌芽后，以氮肥为主，株施尿素0.1~0.4kg或果树专用肥1kg；第二次在落花后，以磷钾肥为主，氮、磷、钾混合施用，株施三元复合肥1kg或磷酸二铵0.1~0.4kg；第三次在果实膨大期，以钾肥为主，追施三元复合肥，5~7年生树株施1kg，8年生以上株施1.5~2kg。可使用放射状沟施，沟宽、深各20cm，施后封土，未遇降雨应适当灌水。

7.2.3 根外追肥

从5月下旬开始至采果前一个月，每隔15天左右结合喷药追一遍叶面肥。前期喷0.3%~0.5%的尿素液，后期喷0.3%~0.5%的磷酸二氢钾水溶液，也可适当使用光合微肥。但应单独喷施，不可与农药混用。

7.3 水分管理

7.3.1 灌水

灌水根据墒情而定，一般于萌芽前后、落花后、果实膨大期、封冻前四个时期结合施肥灌水。提倡使用滴灌、微喷灌等措施，既能节约水源，又能保护土壤结构。

7.3.2 排水

当雨季果园出现积水现象时，应利用排水设施及时排水。

8 整形与修剪

8.1 树形

根据栽植密度选择适宜的树形。常用以下两种：

小冠疏层形：树高3～3.5m，干高60cm，基部三个主枝，每主枝1～2个小型侧枝，以直接着生结果枝组为主。第二层主枝1～2个，第三层一个，其上直接着生结果枝组。基部三个主枝开张角度70°～80°。

纺锤形或圆柱形：树高3m左右，主干高60cm，在中干上每相隔20cm着生1个主枝，螺旋状上升，树干四面均匀排列，共着生10～12个，与主干成80°～85°角，主枝上直接着生结果枝组。

8.2 修剪

8.2.1 幼树修剪

以扩大树冠、增加枝量为主，要选留好中央领导干和主枝。生长季节注意开张主枝角度，夏摘心、秋拿梢。冬剪对骨干枝饱满芽处进行短截，一般剪留长度50cm左右，对其余枝缓放。

8.2.2 初果期树修剪

以继续扩大树冠、完成整形任务、培养结果枝组、增加产量为主。冬季要轻剪，骨干枝轻打头或缓放，开张角度，外围一年生枝要截、疏、缓相结合，疏除外围旺长枝、背上枝，其他枝一般不短截，待缓出花芽后再截；注重夏季修剪，采用捋、别、拉、扭等方法促成花，过旺树适度环剥。

8.2.3 盛果期树修剪

调节生长与结果的关系，维持健壮的树势，保持稳产高产。冬剪，保持各级骨干枝的级次关系，使枝条分布均匀；合理负载，截、疏、缓结合，使果枝与营养枝比例稳定在1:3左右。夏季摘心，扭、拉、别捋枝等措施要跟上。

8.2.4 更新复壮期树修剪

以更新复壮、恢复树冠、产量回升为主。采用“去下促上”抬高主枝角度，在有生长能力的分枝处短截，促生健壮的新枝。内膛纤弱枝组，先养壮后回缩。

9 花果管理

9.1 提高坐果率

9.1.1 人工授粉

采用多品种混合花粉，于“铃铛花”时采集，在室内阴干取粉，放在避光、干燥条件下保存备用。授粉时间以花开放的当天最好，只给中心花授粉。可用干净的毛笔或带橡皮头的铅笔，蘸上花粉，往花柱头上轻轻一点即可。也可用水5kg、尿素15g、硼砂5g干花粉10～20g、蔗糖250g，配制成水悬液，在无风天用细喷头喷雾器喷洒在花朵上。

9.1.2 果园放蜂

一般5～6亩果园放置一箱蜂，蜂箱大小为郎氏标准蜂箱。从开花前1～2天开始，到盛花期末结束。如花期气温过低或遇大风等不良天气，蜜蜂不上树时仍需人工授粉。放蜂期间，禁止喷洒杀虫剂。

9.1.3 花期喷肥

当50%的花朵开放时，喷0.2%～0.3%硼砂或0.2%硼酸水溶液，加0.3%的尿素混合液，即50kg水加100～150g硼砂、加150g尿素。

9.2 疏花疏果

冬剪疏花芽，花芽留量为目的留花量的2倍；花前疏花序，疏去过多、过弱花序；花期疏花，每个花序留中心花。疏果从谢花后1周开始，最迟不超过花后30天，去掉畸形、发育不良的幼果，一般不留双果，背上果。大型果果间距25～30cm，小型果果间距20cm左右。

9.3 果实套袋和摘袋

落花后10天开始套袋，一般在5月15～25日。选择优质双层纸袋，套袋后应使幼果在袋里呈悬空状态。'新红星'、'新乔纳金'，一般于采收前15～20天摘袋，较难上色的红色品种'红富士'、'乔纳金'等，摘袋一般在采前20～30天进行；黄绿色品种，在采收时连同纸袋一起摘下，或采收前5～7天摘袋。摘袋时间选择晴天上午10:00至下午4:00进行。先去外袋，3～4天后再去里袋。

9.4 摘叶转果

果实摘袋后，将果实附近遮挡阳光的叶片摘去。果实向阳面着色较浓时，再将果实着色不良的一面转向朝阳。

9.5 铺反光膜

不套袋果采收前一个月可铺反光膜；套袋果在摘袋后，在树下铺一道反光膜，增加下部果实着色度。

10 病虫害综合防治

10.1 农业防治

根据害虫的生物学特性，结合果树栽培管理，采取清洁果园、刮老翘皮、剪除病虫枝、摘除病叶与病果、合理肥水增强树势抗病性，合理修剪改善通风透光，减轻发病条件。利用糖醋液、树干缠草绳或绑草把、黑光灯诱杀、频振杀虫灯、黏虫板诱杀等方法灭虫。

10.2 生物防治

人工释放赤眼蜂、捕食螨，保护利用瓢虫、草蛉、小花蝽等自然天敌；土壤施用昆虫病原线虫或白僵菌防治桃小食心虫；利用昆虫性外激素诱杀害虫或干扰成虫交配。

10.3 化学防治

10.3.1 用药原则

根据防治对象的生物特性和危害特点，使用生物源农药、矿物源农药和低毒有机合成农药，有限度地使用中毒农药，禁止使用剧毒、高毒、高残留农药。

10.3.2 允许使用、限制使用和禁用的农药

允许使用的农药每种每年最多使用2次，最后一次用药距采收期20天以上。限制使用的农药每种每年最多使用1次，且距采收期30天前不能使用。

10.3.2.1 无公害苹果园允许使用的主要杀虫杀螨剂如下：

机油乳剂、灭幼脲、氟灵脲、甲维盐、三唑锡、联苯菊酯、螺螨酯、吡虫啉、啶虫脒、螺虫乙酯、炔螨特、辛硫磷、苏云金杆菌、除虫菊素、苦参碱、氟虫脲、三氟氯氰菊酯、氯氟氰菊酯、溴氰菊酯、四螨嗪、噻螨酮、虫酰肼等。

10.3.2.2　苹果园允许使用的主要杀菌剂如下：

波尔多液、菌毒清、多菌灵、异菌脲、甲基硫菌灵、代森锰锌、硫酸铜(灌根)、多氧霉素、百菌清、乙膦铝、戊唑醇、腈菌唑等。

10.3.2.3　苹果园限制使用的主要杀虫杀螨剂及除草剂如下：

杀虫杀螨剂：毒死蜱、三唑磷、马拉硫磷、甲氰菊酯、桃小灵、丁硫克百威、丙硫克百威、阿维菌素。除草剂：草甘膦、百草枯、割地草。植物生长调节剂：多效唑。

10.3.2.4　苹果园禁止使用的农药如下：

甲拌磷、乙拌磷、久效磷、对硫磷、甲胺磷、甲基对硫磷、甲基异硫磷、氧化乐果、磷胺、克百威、灭多威、涕灭威、杀虫脒、比久、三氯杀螨醇、滴滴涕、六六六、林丹、氟化钠、氟乙酰胺、福美胂及其他砷制剂等。

11　果实采收

11.1　采收期

要根据果实的具体用途及市场情况确定。需要远途运输、贮藏的苹果，可在果实已接近成熟，即果实已表现出应有的颜色，但风味尚未充分显现，果肉较硬时采摘；制作果汁、果酒、果酱及在当地销售的苹果，可在果实完全成熟，其色、香、味充分显现时采摘。生产中可按客户要求的时间采收。

11.2　采收方法

采收时，按先外后内、先下后上的顺序，用一只手捏住果台，另一只手抓住苹果轻轻旋转，果柄与果台即可脱离。装果必须选用无污染的专用容器。整个采收过程应避免碰压伤。采收以后应及时将苹果置于10℃以下的地方预冷。

12　分级包装和运输

在苹果包装场，先挑除小果、病虫果、畸形果、机械伤果等，根据分级标准，按大小分级包装。为避免果实机械碰压伤，防止病虫蔓延及环境污染，一般采用瓦楞纸箱包装，箱底垫一层纸，每层果间也垫一层纸板，最后封箱。如精心包装，应每个果实外包一层包果纸或套上泡沫塑料网套。进入冷库冷藏时，箱内还应使用专用塑料保鲜袋。长途运输要用冷藏车，运输过程应轻拿轻放，防止碰压伤。

附录 A
苹果园全年病虫害防治历

防治时期	防治对象	防治方法
3 月下旬至 4 月上旬	①苹果腐烂病、轮纹病、干腐病	①彻底刮除腐烂病疤、轮纹病病瘤、粗皮，剪除干枝病枯枝，并带出园外，集中烧毁(3 月下旬结束) ②刮完树皮后全树喷 5 度石硫合剂(花芽露红时)
	②苹果瘤蚜(越冬卵孵化盛期，4 月上旬末)	①彻底剪除被害枝条 ②10% 吡虫啉可湿粉 2000 ~ 3000 倍液
4 月中旬苹果展叶期	苹果红蜘蛛类	扫螨净 15% 乳剂 2000 倍或三锉锡 25% 可湿粉 1500 倍(红蜘蛛发生轻的果园可不喷)
4 月 20 ~ 30 日初开花期	①苹果白粉病 ②苹果金纹细蛾	①20% 粉锈宁乳剂 2000 倍(白粉病轻的果园可不喷) ②灭幼脲 3 号 25% 悬浮剂 2000 倍，防止第一代幼虫
5 月上旬(苹果谢花后 7 ~ 10 天喷药)	苹果轮纹病、炭疽病、斑点落叶病	①喷 80% 喷克可湿粉 800 倍 ②'新红星'品种喷施扑海因 50% 可湿粉 1500 倍液加 30% 桃小灵乳油 2000 ~ 2500 倍液 ③'小国光'等老品种喷施 30% 复方多菌灵 500 倍加 30% 桃小灵乳油 2000 ~ 2500 倍液
5 月中旬	①防治苹果病害种类同上 ②苹果黄蚜、瘤蚜、棉蚜 ③兼治红蜘蛛类和黄蚜、瘤蚜	①'红富士'、'嘎拉'、'乔纳金'等品种喷用 80% 喷克可湿粉 800 倍，其他品种用药同上 ②防止黄蚜、瘤蚜、喷施吡虫啉(扑虱蚜)2.5% 可湿粉 2000 倍液；防止黄蚜、棉蚜喷施硫丹 35% 乳剂 1500 倍；防治棉蚜喷施 48% 乐斯本乳油 1500 倍 ③喷施克螨特 20% 可湿粉 1000 ~ 2000 倍药液。上述杀蚜剂、杀红蜘蛛药剂可与喷克、扑海因等杀菌剂现混现用
6 月上旬	①防治苹果病害种类同上 ②防治金纹细蛾(2 代)	①喷 80% 喷克 800 倍液或喷甲基托布津 800 倍液或多霉清 50% 可湿粉 1200 倍药液，加桃小灵 800 倍液 ②喷施 25% 灭幼脲 3 号 2000 倍或蛾螨灵 30% 可湿粉 2000 倍(兼治红蜘蛛)
6 月中旬	防治苹果轮纹病、炭疽病、褐斑病等	①优系红富士所有果实均套袋的果树，要在套袋前 3 ~ 4 天喷施甲基托布津 70% 可湿粉 800 倍液 ②不套袋果树单喷一次 1∶2∶200 倍波尔多液
6 月下旬	①炭疽病、轮纹病、褐斑病 ②桃小食心虫、红蜘蛛等	①1∶2∶200 倍波尔多液 ②喷施桃小灵 30% 乳油 2000 倍液，或虫螨必清 5% 乳剂 1500 倍液

（续）

防治时期	防治对象	防治方法
7 月中下旬	防治对象与 6 月下旬相同	①78% 科博可湿粉 600 倍液与 1∶2∶200 倍波尔多液交替施用。杀虫剂种类、浓度同上 ②克螨特 73% 乳油 200 倍液
7 月底至 8 月初	轮纹病、炭疽病及早期落叶病	80% 喷克 800 倍液，或甲基托布津 800 倍液，或多霉清 50% 可湿粉 1200 倍药液。
8 月中旬 （20 日前后）	①轮纹病、炭疽病及早期落叶病 ②防治第二代桃小食心虫	①喷 1∶(2～3)∶200 倍波尔多液，防治各种病害 ②喷灭幼脲 3 号 25% 悬浮剂 2500 倍液或 30% 桃小灵 2000 倍液或 25% 噻虫嗪 5000～6000 倍液。
8 月底至 9 月初、9 月中下旬	轮纹病、炭疽病等	①晚熟名优品种喷 80% 喷克 800 倍，或多霉清 50% 可湿粉 1200 倍液，或甲基托布津 800 倍液各交替使用一次 ②3 年生以内的幼树喷施 1∶2∶200 倍波尔多液

附录 B
主要病虫害防治

B.1 苹果腐烂病的防治

苹果腐烂病的防治应从强化栽培管理措施着手，结合药剂防除和及时刮治病斑，并注意搞好果园卫生，即可有效地控制该病的发生、发展和危害。

B.1.1 加强栽培管理

加强果园的土肥水管理，采用合理的整形修剪技术，调节果树结果负载量，采取科学的病虫害综合防治措施，增强树势，提高树体抗病力，是防治苹果腐烂病最基本的途径。山地果园应重视深翻扩穴，增施有机肥料，以改善土壤供养状况；水土流失严重的果园，注意压土，以增加土层厚度，保护根系。合理施用氮、磷、钾肥和微量元素，一般每生产50kg 果，需施纯氮(N)0.25～0.35kg，磷(P_2O_5)0.15～0.2 5kg，钾(K_2O)0.2～0.6kg，并适量施用钙、锌、硼等元素，特别要重视增施有机肥料，可按产0.5kg 果，施0.5～1kg 优质有机肥的比例施用，使土壤有机质含量保持在1%以上。整形修剪要适当，注意疏花疏果，克服大小年现象，使树势保持中庸。果园应做到旱能浇，涝能排。加强对红蜘蛛、早期落叶病和其他病虫害的防治，重视树体秋季涂白防寒。

B.1.2 搞好果园卫生

结合修剪，及时清除果园病枝、枯枝、死树、残桩，集中烧毁和撤离，以减少病源。

B.1.3 治疗病斑

坚持常年检查，特别是春秋病斑盛发季节，发现病斑后及时治疗。

刮治：先于病斑下地面铺设一塑料布，用以收集刮落下的病死组织，然后，将病斑坏死组织连同周缘0.5cm 宽的健康组织仔细刮净，边缘刀口应切成平茬，深达木质部，刮后涂抹1～2 次消毒保护剂，并及时收集刮落下的病死组织深埋或烧毁。可选用的消毒保护剂有：5～10 波美度石硫合剂，50%退菌特可湿性粉剂50 倍液，1%～2%硫酸铜溶液，农抗120 水剂5～10 倍液，腐必清乳剂3～5 倍液等。

涂治：发现腐烂病后，在病斑上用利刀间隔0.5cm 划道，要划至病斑外2～3cm 处，深达木质部表层，然后用毛刷均匀涂刷杀菌剂。每周1 次，共涂3 次。可选用腐必清涂布剂原液、4%农抗120 水剂、5%菌毒清水剂50 倍液、843 康复剂、S－921 和灭腐灵等药剂涂抹病斑。

B.1.4 铲除病原

苹果树发芽前，应坚持用药，周密喷洒苹果树枝干，重点喷主干、主枝和枝干分杈处。可选用腐必清原液70～100 倍液，或3～5 波美度石硫合剂。

B.1.5 重刮皮

在5～7 月间，以6 月份为最好，对苹果树主干、主枝进行合面刮皮，刮至露出新鲜组织为止，刮面呈黄绿相嵌状，但不触及形成层。发现病变斑点，要彻底清除，不需涂杀菌剂消毒。此法可清除各种类型的潜伏病变组织和侵染点，并刺激树体愈伤组织的产生，增强树体的抗病力。

B. 1. 6　泥封

对离地表近的病斑，可用泥土封埋；对其他部位的病斑，可用红黏土加水和成泥团，涂敷于病斑上，泥土以高出病斑 2 ~ 3cm 为宜，外用塑料薄膜包扎好，应持续 1 年以上。

B. 2　轮纹病的防治

B. 2. 1　加强栽培管理

建园时注意选用无毒壮苗，科学栽植；加强土、肥、水管理，增施有机肥料，不偏施氮肥，注意果树所需各种营养元素的配合施用；及时清除重病树和有病枝干，忌用病枝干作支柱。

B. 2. 2　刮除病疣

在果树休眠期，尤其是春季发芽前，认真刮除粗皮病疣，刮至微露绿皮，然后，用 50% 退菌特可湿性粉剂 50 倍液，或 5 波美度石硫合剂，或 2% 的硫酸铜溶液消毒，也可在刮除粗皮病疣后，于早春苹果发芽前，周密喷施腐必清乳剂 100 倍液，或 5 波美度石硫合剂，可兼治腐烂病和干腐病等枝干病害。

B. 2. 3　喷药保护

主要针对果实轮纹病，首次喷药时间和喷药质量是关键。可自谢花后 10 天开始，喷第 1 遍杀菌剂，以后视降雨次数和雨量及所用药剂种类，每隔 15 ~ 20 天喷 1 遍药，共喷 5 ~ 6 次即可。可选用倍量式或多量式波尔多液，50% 退菌特可湿性粉剂 800 倍液，50% 多菌灵可湿性粉剂 1000 倍液，50% 甲基托布津可湿性粉剂 800 倍液，80% 敌菌丹可湿性粉剂 1000 倍液等。幼果期，如温度低、湿度大，应用波尔多液易产果锈时，特别是‘金帅’品种，第 1、2 遍药可喷锌铜波尔多液[硫酸锌: 硫酸铜: 石灰: 水 = 0. 5: 0. 5: (2 ~ 3): 240]，尔后再喷布波尔多液或其他杀菌剂。药剂要喷洒均匀，使果实表面充分着药。

B. 2. 4　果实套袋

6 月上旬疏花疏果后，在全面均匀喷一次防病治虫的农药的基础上，对果实进行全面套袋，可有效防治轮纹病的发生。

B. 2. 5　适时采果，合理贮运，注意适时采果

有条件的果园，可及时将果实置于 1 ~ 2℃ 恒温库内贮藏。在果品运输过程中，防止果品机械损伤，并在贮运中仔细检查，发现病果及时剔除处理。

B. 3　褐斑病的防治

B. 3. 1　加强管理，提高抗病力

苹果树落叶后及时清除病叶，结合修剪，剪除树上病残叶集中烧毁或深埋。加强土肥水管理，增施有机肥料，改良土壤；合理整形修剪，保持园内和树冠通风透光良好；及时排除积水，防止果园过于潮湿；加强对其他各种病虫害的防除，增强树体抗病能力。

B. 3. 1　喷药保护

药剂防治关键应掌握喷药适期、药剂的种类和喷药的质量。特别是麦收前后喷第 1 遍药。以后可分别在 6 月中下旬，8 月上中旬和 9 月上中旬各喷 1 次药；通常全年喷施 5 ~ 8 遍杀菌剂，既可有效控制褐斑病，也可兼治多种叶斑病害和果实病害。对于易发生果锈的‘金帅’等品种，最好在落花后 15 ~ 45 天内，避免喷刺激性的药物(如波尔多液)，以减轻果锈的产生。一般头两遍药常用多菌灵、甲基托布津、锌铜波尔多液等，后期多用 1: 2: 240 倍的波尔多液，生产上常用的杀菌剂还有，5% 百菌清可湿性粉剂 600 ~ 800 倍液；80%

多菌灵可湿性粉剂600~800倍液；65%代森锌可湿性粉剂500~600倍液；70%代森锰锌可湿性粉剂600倍液等。

B.4 炭疽病的防治

B.4.1 清除病源

结合冬剪，彻底清除树上、树下病僵果、病枯枝、病虫枝和病果台。在生长季节，发现病果要及时摘除，对清除的带病菌的组织器官应收集深埋或烧毁。重病果园，在苹果树发芽前，喷施5波美度石硫合剂或10%~15%重柴油乳剂，周密喷施苹果树枝干，以减少或铲除病源。

B.4.2 加强栽培管理

注意合理密植和精细修剪，改善果园通风透光条件；合理施肥，注意氮、磷、钾的配比和微肥的应用；完善排灌设施，避免果园积水；加强对早期落叶病、白粉病、梨潜皮蛾等病虫害的防除；勿用刺槐作防护林，以防病菌从刺槐传入。

B.4.3 药剂防治

从5月中下旬开始喷药，重点防治历年发病中心株和重病区。一般每隔15~20天喷1次杀菌剂，连续喷4~6次可有效控制危害。可选用1∶2∶240倍的波尔多液，50%多菌灵可湿性粉剂500倍液，50%托布津可湿性粉剂500倍液，50%退菌特可湿性粉剂。

B.5 斑点落叶病的防治

B.5.1 清洁果园

秋冬季节彻底清扫落叶，剪除病枝病梢，进行深埋或烧毁；夏季及时剪除带病徒长枝，以减少病原。

B.5.2 药剂防治

自发病前(5月10日左右)开始，每15~20天喷施1次杀菌剂，共喷4~7次，一般果园喷5次，即可控制此病危害。可用10%宝丽安可湿性粉剂50~100mg/kg，70%代森锰锌500~600倍液，50%扑海因可湿性粉剂1000~1500倍液，90%乙膦铝可溶性粉剂1000倍液，与1∶2∶240倍波尔多液交替喷施。

B.6 白粉病的防治

发芽前周密喷施3波美度石硫合剂，花前喷一次0.2~0.3波美度石硫合剂。从6月上旬开始，每隔10~15天喷一次20%粉锈宁乳油600~800倍液，共喷2~3次。

B.7 金纹细蛾防治

B.7.1 消灭越冬蛹

在苹果树落叶后，彻底清除落叶，集中烧毁，以消灭越冬蛹。

B.7.2 药剂防治

在成虫发生盛期或初孵幼虫期，周密喷洒杀虫剂，可选喷以下药剂：25%灭幼脲3号胶悬液1500倍液；50%辛硫磷乳油1000~1500倍液；50%杀螟松乳油1000~1500倍液。

B.7.3 诱杀

应用金纹细蛾性诱芯诱杀雄蛾可收到明显防治效果，诱芯田间有效期45~60天，有效距30~40m。诱芯应妥善保存在密封小瓶或塑料袋里，置于阴凉干燥处，以防失效。一般每公顷果园用15~60个诱芯，虫口密度大时，可用45~60个诱芯，虫口密度小时，可用15~30个诱芯。具体方法：将粗瓷碗或泥盆用细铁丝绑缚，留好挂鼻，再将金纹细蛾诱芯用细铁丝吊于碗口中央，注意使诱芯与碗口边缘保持水平，再于制作好的诱碗里注入清水(可滴入数滴农药，如辛硫磷、菊酯类农药等)，使水不触及诱芯，然后将诱碗挂于果园树冠内膛枝叶较少处(以利金纹细蛾飞入诱碗)。诱杀挂碗时间，应自4月上旬成虫羽化时开始，并于6月上旬和8月上旬分别另换新诱芯。诱碗的管理：金纹细蛾密度大时，每天应将碗里死虫捞出，并适当添加水，使碗里保持原来的水量；虫口较小时，可两天添1次水，如虫口密度很小，可几个碗里保持满水。当发现每天能诱集到10～20头金纹细蛾雄蛾时，可将全园诱碗添满水，以便诱杀。诱碗冬天可回收，以备来年再用。如系幼龄果园，诱盆可置于畦埂上。

B.8　蚜虫的防治

蚜虫的防治关键时期在早春，只要搞好早春虫情测报，掌握早治的原则，即可控制其危害。

B.8.1　虫情预报

重点预报越冬卵孵化期。具体方法：在历年发生严重的树上，量取标定冬卵200～300粒，自苹果树芽萌动开始，每隔1～2天查1次卵孵化情况，记载卵壳数和卵数，记载后剔除卵壳，计算卵孵化率，当孵化率达到50%～70%时，为预报防治适期。

B.8.2　果树休眠期防治

果树发芽前，喷3%～5%柴油乳剂或5波美度石硫合剂，消灭越冬卵并可兼治各种叶螨和介壳虫等。

B.8.3　果树生长季节的防治

选择高效、低毒、低残留的药剂，并多种农药轮换交替使用，以延缓蚜虫抗药性的产生。药剂有10%吡虫啉可湿性粉剂2000倍液；25%噻虫嗪5000～6000倍液；1.8%阿维菌素(爱福丁、虫螨杀星)3000倍液等。使用400～500倍液洗衣粉喷杀蚜虫效果也较好。

B.8.4　生物防治

注意保护和利用蚜虫的天敌，如瓢虫、草青蛉、食虫蝽和寄生蜂等能收到一定防治效果。

B.9　苹小卷叶蛾的防治

B.9.1　人工防治

冬季或早春，刮除老树翘皮、暴皮，集中烧毁；用钢刷子刷杀枝干粗皮裂缝、剪锯口边缝、贴叶，消灭越冬幼虫；生长季节，随时摘除各代虫苞。

B.9.2　诱杀成虫

在成虫发生期，坚持在果园挂糖醋罐，每15～20m挂一个，也可用诱芯、黑光灯诱杀。

B.9.3　药剂防治

在‘金帅’苹果盛花期前(4月下旬)和谢花后越冬幼虫转叶化蛹前，喷施48%毒死蜱1500倍液，或48%乐斯本乳油1500倍液，对压低虫口有极显著效果。若园内虫口密度仍较高，可于第1代卵孵化盛期(一般为6月底至7月初)喷50%辛硫磷乳油1000～1500倍液。

B.9.4　生物防治

目前，以园内释放赤眼蜂效果较好。可于园内连续诱到越冬代雄蛾后的第3～4日开始挂赤眼蜂卵卡放蜂，每4～5天挂放1次，每次放蜂量为3万～4万头，共放3次。

B.10 金龟子的防治

金龟子应全面防治，重点消灭虫源。对暴发危害的成虫，应及时采取人工和药剂防治相结合的方法除治。

B.10.1 人工防治

利用成虫的假死性，振落捕杀；成虫发生盛期，利用灯光进行诱杀。

B.10.2 地面药杀

地面洒5%辛硫磷颗粒剂，每亩3kg；或用50%辛硫磷乳油，每亩1kg拌土100kg撒于地面，然后浅锄，药杀入土的成虫。

B.10.3 喷药防治

成虫发生期，可喷洒25%噻虫嗪5000~6000倍液；25%西维因可湿性粉剂800~1000倍液。

B.11 桃小食心虫的防治

防治桃小食心虫，应在加强虫情预测预报的基础上采取地面防治和树上防治相结合的综合防治策略。

B.11.1 虫情测报

出土期预报，在历年桃小食心虫危害严重的果园，选金帅苹果树5~10株，在根茎周围，堆放表面粗糙的拳头大小的石块，从5月上旬开始，每天定时检查记载出土幼虫数，当连续出土3~5天，且出土数量日增时，发出地面喷洒第1次农药的预报，隔半月左右再喷洒1次农药；

成虫期预报，成虫发生前(5月中旬前后)，在果园挂设橡皮诱芯或聚乙烯管为载体的诱芯(每个诱芯载体含性诱剂500mg)，引诱成虫。具体方法：将桃小性诱芯用铁丝穿过，横置并固定在碗、盆或罐口上，碗、盆、罐内装有溶解少量洗衣粉的水，使之离诱芯1cm高，即成通常所用的诱捕器。挂于树冠部(离地面约1.5m高处)，有效期65~80天，并随时补充蒸发掉的水分。诱捕器每亩可挂设1~3个。每天调查，根据诱捕成虫的数量画出成虫数量消长曲线图，以分析虫情，指导喷药。当连续诱到成虫，头数连日增多，田间卵果率达0.5% ~1%时，及时进行树上喷药。

卵果率预报，在受害重的园片，选择易感虫品种5株，如金帅系品种等，每株按东、西、南、北、中5个方位，标记100~200个果。每日调查记载卵数，查后将卵拨掉，当累计卵果率达到1%时，发出树上喷药防治预报。

B.11.2 地面防治

在6月中下旬至7月上旬，结合越冬幼虫出土预报，于越冬幼虫出土始、盛期，分别在树冠下全面均匀施药，并浅锄或耧耙。山地果园，要注意对梯田堰缝等隐蔽处周密喷药，可用5%辛硫磷颗粒剂，每公顷用75~112.5kg，或50%辛硫磷乳油，每公顷7.5kg与750~900kg细沙混匀，撒于树冠投影内，可收到良好防治效果。

B.11.3 树上喷药

在卵果率达0.5% ~1%时喷药。每隔10~15天喷一次，共2~3次。可选用2.5%天王星乳油20~30mg/kg；21%增效氰马乳油60~100mg/kg；50%辛硫磷乳油1000倍液。

B.11.4 诱杀成虫

在成虫发生期，利用性诱捕器诱杀雄蛾。

B. 11. 5　释放线虫

利用线虫防治在桃小食心虫越冬幼虫出土和脱果幼虫入土时，果园地面施用桃小食心虫的致病线虫，每公顷用750万～1350万条。

B. 11. 6　埋土杀虫

冬季翻耕结合秋冬施肥，将树盘10cm深的土层翻入施肥沟底，生土撒于树盘表面，可将越冬幼虫深埋土中。

B. 11. 7　地面盖膜杀虫

以树干基部为中心，在半径1. 5m地面范围内，覆盖塑料薄膜，周围用土压严，可消灭出土幼虫和羽化成虫。

B. 11. 8　注意拣摘虫果和堆果场所的灭虫处理。

B. 12　梨小食心虫的防治

在虫情预报的基础上，采取人工、生物和药剂相结合的综合防治措施，可收到良好防治效果。

B. 12. 1　虫情测报

B. 12. 1. 1　性诱芯诱捕成虫

每公顷挂设诱捕器30～45个(具体方法同桃小食心虫性诱捕器)。最好诱捕器的水中加少许糖醋，以增加引诱效果。

B. 12. 1. 2　糖醋液诱杀

10～15株挂1糖醋罐。每天8:00左右检查统计诱蛾数量，并将罐里蛾子挑除，查后取回，16:00～17:00挂出，当诱到成虫时发出产卵始期预报。糖醋液比例为红糖: 醋: 水 = 1: (2～4): (10～16)，另加少量白酒。

卵果率调查和防治指标均同桃小食心虫。

B. 12. 2　人工防治

消灭越冬幼虫冬春刮除老树翘皮，收集烧掉或深埋；幼虫越冬前，于树干上绑缚草环，诱虫潜入越冬，待封冻前解下深埋；顶杆、吊枝绳等用后应作灭虫处理。剪除虫梢虫果在第1、2代幼虫危害果树嫩梢时，每天检查果园(重点桃树)，发现萎蔫嫩梢，剪除深埋，在第3、4代幼虫危害果实时，及时拣摘虫果深埋。

B. 12. 3　药剂防治

在园间卵果率达0. 5%～1%时，应立即进行第1次喷药，以后可分别在第2、3代成虫出现产卵盛期喷药。可选用50%杀螟松乳油1000倍液；25%西维因可湿性粉剂300～500倍液；21%增效氰马乳油2000～3000倍液等，都有良好防治效果。

B. 13　山楂红蜘蛛

B. 13. 1　消灭越冬螨

秋季成螨越冬前，在树干上束草把或废果袋引诱雌成螨来越冬，结合刮树皮解下烧毁。冬季落叶后，彻底清除园内落叶、杂草。萌芽前刮除翘皮、粗皮，并集中烧毁，消灭越冬螨源。在越冬雌成螨出蛰前，树干基部涂布一圈阻隔剂阻止越冬螨上树。

B. 13. 2　生物防治

苹果园控制害螨的天敌资源非常丰富，主要有塔六点蓟马、捕食螨、小花蝽、瓢虫、草蛉等，果园内应尽量减少喷药次数，或选择对天敌比较安全的杀虫、杀螨剂，以保护自然天敌。有条件时，可以释放人工饲养的捕食螨和塔六点蓟马。

B. 13. 3　化学防治

在出蛰期每芽平均有越冬雌成螨 2 头时，喷施 1. 8% 阿维菌素乳油 4000 倍液；谢花后一周，树上均匀喷洒 24% 螺螨酯悬浮剂 4000 倍液或 5% 尼索朗乳油 1500 ~ 2000 倍液，或 99% 喷淋油乳剂 200 倍液。成螨大量发生期，叶面喷洒 15% 哒螨酮乳油 2000 倍液或 5% 唑螨酯 3000 倍液、20% 三唑锡悬浮剂 1500 倍液，1. 8% 阿维菌素乳油 3000 ~ 4000 倍液等，73% 克螨特乳油 3000 ~ 4000 倍液。

B. 14　桃蛀螟的防治

B. 14. 1　消灭越冬幼虫

在越冬成虫出现前，清理果园，刮除老树皮，收集深埋；对玉米、向日葵秸秆尽早处理；注意及时药杀采收后栗蓬中的幼虫，可用 90% 敌百虫晶体 1000 倍液喷洒或泼浇栗蓬堆，消灭幼虫。

B. 14. 2　诱杀成虫

在成虫发生期应用黑光灯或糖醋液诱杀；或在果园种植晚熟的向日葵，诱蛾产卵，集中灭杀；利用性信息素诱杀和进行虫情测报，指导适时喷药。

B. 14. 3　药剂防治

在各代成虫产卵和孵化盛期，喷洒 25% 噻虫嗪 5000 ~ 6000 倍液；灭幼脲 3 号 25% 悬浮剂 2500 倍液。

B. 15　顶梢卷叶蛾

B. 15. 1　人工防治

冬剪时彻底剪除虫梢叶苞，集中深埋或烧毁；生长季节随时摘除卷曲叶苞，或捏杀卷叶中的幼虫和蛹。

B. 15. 2　药剂防治

虫口密度大的果园，可在越冬代成虫产卵盛期和幼虫孵化盛期喷药。可选用 40% 硫酸烟碱 800 ~ 1000 倍液；或 80% 辛硫磷 1500 倍液。

B. 16　旋纹潜叶蛾的防治

旋纹潜叶蛾的防治应采取以消灭越冬蛹茧为基础、以药杀成虫为重点的策略。

B. 16. 1　人工防治

刮除老树皮、翘皮、伤疤等处虫茧，消灭越冬蛹。

B. 16. 2　药剂防治

应在越冬代成虫和第 1 代成虫盛期喷药。可选用灭幼脲 3 号 25% 悬浮剂 2500 倍液，50% 辛硫磷乳剂 1000 倍液。

B. 17　舟形毛虫的防治

B. 17. 1　人工防治

在幼虫初孵期，经常巡视果园，发现罗网状黄白色枯焦叶片，顺枝查找，发现带虫叶枝小心剪摘，灭杀幼虫。秋冬翻垦土壤，或春季刨树盘时，果园内放鸡或捡拾冬蛹灭之。

B. 17. 2　药剂防治

7 ~ 8 月幼虫危害期，选喷 90% 敌百虫晶体 1000 倍液；75% 辛硫磷乳油 2000 倍液；80% 马拉松乳油 1000 倍液；80% 杀螟松乳油 1500 ~ 2000 倍液。

B. 17. 3　生物防治

幼虫发生期，喷施含活孢子 100×10^8/g 的青虫菌粉 800 倍液。幼虫老熟入土化蛹期

(9 月上旬)，在树下撒施白僵菌粉，并耙松土壤；在成虫产卵初期和盛期，分两次释放赤眼蜂，每亩 3 万 ~ 5 万头，防治效果良好。

B.18 桑天牛

B.18.1 捕捉成虫

7 月中下旬，成虫羽化后，需经 10 ~ 15 天产卵，其间白天不大活动。在成虫盛发期，特别在雨后，采取人工捕捉杀之，是一项治本之策。

B.18.2 除卵

桑天牛的卵，主要产在直径 2cm 以上的枝条阳面，距分杈处 10cm 左右。成虫产卵时，做“川”形的刻槽，产卵 1 粒于其中。因此，在 7、8 月份查找“川”形产卵槽，用尖刀将卵挑出刺破即可。

B.18.3 刺杀幼虫

幼虫孵化后，钻入木质中向下打洞，并隔一段距离向枝干外做一孔口，排出木屑和粪水。一旦发现树冠下有排泄物或发现枝干上有排泄口时，可用尖细铁丝从新鲜虫孔插入，反复在洞道内扎刺，以杀死幼虫于其内。也可用钢丝做一先端带尖钩的弹簧式刺探器，缓缓旋入洞道内，直至底部以刺杀幼虫。

B.18.4 毒杀幼虫

初龄幼虫刚入木质部时，可取敌敌畏、敌百虫等杀虫剂 20 ~ 30 倍液，用大号注射器将药液注入虫道；若幼虫已深入枝干内并钻有排粪孔时，查找出最下部排粪孔，将药液自此孔注入虫道，然后削一小木桩将孔口堵严，即可将幼虫杀死于其中。

B.19 星天牛

B.19.1 捕杀成虫

利用成虫中午多在枝端停息和在枝干下部产卵的习性，捕杀成虫。

B.19.2 树干涂白

在成虫产卵前，于主干、主枝基部涂刷白涂剂(生石灰、硫黄粉和水的比例为 10∶1∶40)，预防成虫产卵。

B.19.3 钩杀或药杀卵和幼虫

在成虫产卵期或产卵后，经常检查树干和主枝基部，发现刻槽和新鲜虫粪，用钢丝钩杀，或将敌敌畏、马拉硫磷 5 ~ 10 倍液的棉球塞入虫孔；或将药液用大型注射器注入虫道毒杀幼虫。

B.19.4 保护益鸟

各种啄木鸟能啄食大量星天牛的幼虫和卵，应注意保护和利用。

B.20 日本龟蜡蚧的防治

B.20.1 果树休眠期防治

冬季人工逐枝刷除越冬受精雌虫，如遇上雾凇天气，可敲打树枝，雌虫随雾凇震落，果树发芽前，喷 5% 柴油乳剂。

B.20.2 初孵若虫期喷药

6 月底至 7 月初，喷施 25% 噻虫嗪 5000 ~ 6000 倍液。

DB3704

枣　庄　市　地　方　规　范

DB3704/T 007—2014

无公害甜樱桃生产技术规程

2014－09－10 发布　　　　2014－09－10 实施

枣庄市质量技术监督局　　发　布

前　　言

本标准按照 GB/T 1.1－2009 给出的规则起草。

本标准由枣庄市林业工作站提出。

本标准由枣庄市林业局归口。

本标准起草单位：枣庄市林业工作站、山亭区果树中心。

本标准起草人：刘加云、魏士省、韩亮、高秀梅、徐蕾。

无公害甜樱桃生产技术规程

1 范围

本标准规定了无公害甜樱桃(*Cerasus avium*)产地环境的选择技术要求、灌溉水质量要求、土壤质量要求、空气质量要求及试验方法。规定了生产园地选择与规划、品种、砧木苗木选择、栽培、土肥水管理、整形修剪、花果管理、病虫害防治和果实采收等技术。

本标准适用于枣庄市行政区域范围内无公害甜樱桃的生产。

2 规范性引用文件

下列文件对于本文件的应用是必不可少的。凡是注日期的引用文件，仅所注日期的版本适用于本文件。凡是不注日期的引用文件，其最新版本(包括所有的修改单)适用于本文件。

GB 4285　农药安全使用标准

GB/T 8321(所有部分)　农药合理使用准则

GB/T 18407.2　农产品安全质量 无公害水果产地环境要求

NY/T 393　绿色食品 农药使用准则

NY/T 394－2000　绿色食品 肥料使用准则

NY/T 496　肥料合理使用准则 通则

3 无公害甜樱桃产地环境要求

3.1 灌溉水质量指标

灌溉水质量指标应符合表1要求。

3.2 土壤质量指标

土壤质量指标应符合表2要求。

3.3 空气质量指标

空气质量指标应符合表3要求。

表 1　灌溉水质量指标

项目		指标
氯化物，mg/L	≤	250
氰化物，mg/L	≤	0.5
氟化物，mg/L	≤	3.0
总汞，mg/L	≤	0.001
总砷，mg/L	≤	0.1
总铅，mg/L	≤	0.1
总镉，mg/L	≤	0.005
铬(六价)，mg/L	≤	0.1
石油类，mg/L	≤	10
pH		5.5～8.5

表 2　土壤质量指标

项目		指标		
		pH＜6.5	pH6.5～7.5	pH＞7.5
总汞，mg/kg	≤	0.30	0.5	1.0
总砷，mg/kg	≤	40	30	25
总铅，mg/kg	≤	250	300	350
总镉，mg/kg	≤	0.30	0.30	0.60
总铬，mg/kg	≤	150	200	250
六六六，mg/kg	≤	0.5	0.5	0.5
滴滴滴，mg/kg	≤	0.5	0.5	0.5

表 3　空气质量指标

项目	指标	
	日平均	1h 平均
总悬浮颗粒物(TSP)(标准状态)，mg/m^3	0.3	—
二氧化硫(SO_2)(标准状态)，mg/m^3	0.15	0.50
氮氧化物(NO_X)(标准状态)，mg/m^3	0.12	0.24
氟化物(F)，$\mu g/(dm^2 \cdot d)$	月平均 10	—
铅(标准状态)，$\mu g/m^3$	季平均 1.5	—

4　园地选择与规划

4.1　园地选择

选择背风向阳、排灌方便、土层深厚、有机质含量高的沙质土壤建园，黏重土壤、低洼涝地、盐碱地均不适建樱桃园。具体标准为：土层厚＞60cm，20cm 土层内有机质含量＞1%，土壤 pH 值在 6.0～7.5 之间，含盐量在 0.1% 以内。要求园地周围 5km 内没有污染场所。大气质量优级以上，灌溉水清洁无污染。

4.2 园地规划

提倡合理密植，土壤肥沃的选择(3~4)m×(4~5)m 的密度；土壤肥力中等的选择(2.5~3)m×(3.5~4)m 的密度。长方形定植，南北方向，一律采用起垄栽培模式。

4.3 品种、砧木苗木选择

甜樱桃品种选择应选用大果型品种，早、中、晚熟品种栽培比例适当，主栽品种与授粉品种按4:1搭配，最好栽3个品种以上，便于授粉。表现较好的品种有'红灯'、'岱红'、'早大果'、'美早'、'红鲁比'、'雷尼'、'友谊'、'拉宾斯'、'先锋'等。砧木以吉塞拉系列、考特、大青叶、中国樱桃为宜。苗木规格选择2年生、生长健壮、高度1.2m以上、地径5cm处粗1cm以上，并且芽体饱满、无病虫害、根系完整无劈裂的苗木。

4.4 栽植

4.4.1 整地挖穴

首先整平土地，梯田整成外堰高、内堰低的形式，平地整成中间高、靠近水沟边低的形式。整平后挖穴，穴直径80cm、深度60cm。挖穴时将表层土与底层土分别放置，穴挖好后可暂不回填土，以利土壤风化。土壤化冻后回填，穴底部混填腐熟的土杂肥，每穴40~50kg，回填不打破土层，回填后灌水、沉实、起垄，垄高30cm，垄宽80~100cm，垄呈鱼脊状。

4.4.2 栽植技术

3月下旬土壤表层温度10℃以上时即可进行栽植。栽植时在定植垄上挖30~40cm见方的穴，将苗木用1~2倍的K84生物农药蘸根后，将苗木垂直放入穴中央，边填土边轻轻向上提苗，使根系舒展并与土壤接触紧密，然后踏实。栽植完成后在垄上整畦，立即浇透水，水渗完后覆土整平、覆地膜。然后根据栽培密度，合理定干，一般干高60~80cm，定干后进行刻芽促枝、树干涂白。

5 土肥水管理

5.1 土壤管理

5.1.1 深翻

于每年秋季果实采收后结合施基肥进行。在定植穴外挖环状沟或在定植沟外挖平行沟，沟宽80cm、深60cm。以后每年在同一时间依次向外继续深翻，直到全园深翻一遍为止，土壤回填时，表土混合腐熟的有机肥放下部，填后充分灌水，使根与土壤密切接触。深翻时注意保护大的根，粗度在1cm以上的根，切断后伤口不易愈合，容易感染根癌病。

5.1.2 中耕

清耕制果园生长季节灌水或降雨后，应及时中耕松土，保持土壤疏松无杂草。中耕深度5~10cm，以利调温保墒。

5.1.3 覆草、埋草、行间生草

覆草一般在5、6月份施肥、灌水后进行。覆草材料可用麦秸、麦糠、玉米秸、杂草等。覆草厚度20cm，在根茎部位要留出20cm不覆草。覆草后草上面要少量稀疏的压土，防止风刮草飞。草腐烂后要及时补充，连覆3~4年后浅翻1次。也可结合深翻开深、宽各50~60cm的沟埋草。提倡樱桃园行间生草，选择浅根系、低干的禾本科、豆科草种，

如白三叶、苜蓿草等。夏季当草长到 20～30cm 时要及时割草覆盖树盘。

5.2 施肥

5.2.1 秋施基肥

结合全园深翻进行，可采用环状沟，为避免一次伤根过多，可每年施树冠的一半，两年内完成一圈。施肥量按每生产 100kg 果实施入优质有机肥 300～400kg，加入尿素 1kg、过磷酸钙 3～4kg，施肥后进行灌水。施肥时间应在 9 月上旬最好。

5.2.2 追肥

每年 4 次追肥。第一次在萌芽前后；第二次在果实膨大期；第三次在果实生长后期距采收期 20 天前，第四次在果实采收后。追肥量以每生产 100kg 鲜果追施纯氮 1kg，磷 0.5kg，钾 1kg 为宜。追肥方法是在树冠下开沟，沟深 15～20cm，追肥后立即浇水。叶面喷肥每年 4～5 次，一般生长前期 2 次，以尿素为主，后期 2～3 次，以磷钾肥为主，叶面喷肥的施用浓度为：尿素 0.3%～0.5%、磷酸二氢钾 0.2%～0.3%、硼砂 0.1%～0.3%。

5.3 水分管理

甜樱桃在年发育周期中，应浇好花前水、硬核水、采后水、基肥水、越冬水。每次灌水不宜过多，应采取少量多次灌水的办法，特别是果实发育期遇天气干旱，更不能大水漫灌，以免引起裂果，提倡滴灌、喷灌等节水措施。甜樱桃不耐涝，雨后必须立即排除园内积水。

6 整形修剪

6.1 树形

自然开心形：干高 20～40cm，全树主枝 3～4 个，开张角度 30°左右，每主枝上侧枝 6～7 个，分作 4～5 层。每一层侧枝 2 个，离主枝基部 60cm 左右，一、二层间距 30cm，角度 50°～60°。第二层侧枝 2 个，第一侧枝距主枝基部 60cm，侧枝间距 50cm，角度 50°。二层以上每层留一个侧枝。

细长纺锤形：这一树形适于密植果园。主干高 60cm，在中干上培养 10～15 个单轴延伸的主枝，主枝角度大，下层为 80°～90°，上层为 90°～120°。主枝上培养结果枝组，下部主枝略长，上部略短。中干一般不短截，多利用中庸竞争枝换头，使中干呈弯曲延伸，成型后树高在 2.5～3m 时落头开心。

6.2 修剪时期及主要任务

6.2.1 休眠期修剪

休眠期修剪越晚越好，过早伤口易失水干枯，春季易流胶。这一时期修剪主要是培养丰产树体结构和结果枝组，主要是对一年生枝条和低龄多年生枝，采取刻芽、短截、缓放和缩剪等修剪方法。

6.2.2 生长期修剪

主要是新梢生长期和采果后这两个阶段。新梢生长期主要采取摘心，促进分枝，幼旺树可连续摘心。采果后修剪主要疏除过密枝条。另外，在 5 月中下旬至 6 月上旬，对辅养枝和强旺大枝可进行环割，以促进开花结果，待有一定结果量后停止环割，

7 花果管理

7.1 花期授粉

7.1.1 利用昆虫授粉

利用保护野蜂、花期果园放蜜蜂或壁蜂等方法，有利于提高坐果率。角额壁蜂是花期授粉应用最多的一种，一般在花前5~7天释放，每亩需80~100头。

7.1.2 人工授粉

人工授粉多利用自制的授粉器进行。可用柔软的家禽羽毛做成毛掸，在授粉树和主栽品种的花朵上轻扫，便可达到传播花粉的目的。人工授粉在盛花期愈早愈好，必须在3~4天内完成，为保证不同时间开的花能及时授粉，人工授粉应反复进行3~4次。

7.2 花期喷肥

在花期喷布5%的糖水或0.3%尿素+0.3%硼砂+600倍磷酸二氢钾，可显著提高坐果率。

7.3 疏蕾疏果

7.3.1 疏蕾

疏蕾一般在开花前进行。主要是疏除细弱果枝上的小花和畸形花，每花束状果枝上保留2~3个饱满花蕾即可。

7.3.2 疏果

一般在4月上中旬甜樱桃生理落果后进行，每花束状果枝上留3~4个果实即可，最多4~5个。

7.4 促进果实着色

促进果实着色的方法，包括摘叶和铺设反光膜两种。摘叶要在合理整形修剪、改善树冠内通风透光条件的基础上进行。在果实着色期，将遮挡果实阳光的叶片摘除即可。果枝上的叶片，对花芽分化有重要作用，摘叶切忌过重。

果实采收前10~15天，在树冠下铺设反光膜，可增强果实的光照强度，促进果实着色。

7.5 预防和减轻裂果

预防和减轻甜樱桃裂果，可以采取选择抗裂果品种、稳恒土壤水分状况、喷布钙盐和架设防雨帐篷等技术措施。

选用抗裂果品种。选用雨季来临前果实已经成熟的早熟品种，如意大利‘早红’、‘红灯’、‘岱红’和‘早大果’、‘美早’等。

稳恒土壤水分状况。当甜樱桃园10~30cm深的土壤含水量下降到11%~12%时就会大量落果，应及时浇水，并维持相对稳恒的土壤含水量，土壤含水量保持在田间最大持水量的60%~80%。

采收前喷布钙盐。果实采收前，每隔1周连续喷布3次0.3%的氯化钙水溶液，能减轻甜樱桃裂果，延长货架期。

架设遮雨篷或遮雨大棚。在甜樱桃成熟期，架设遮雨帐篷，可有效地防止因雨裂果。

7.6 鸟害防治

鸟害是大樱桃栽培上的一大危害。樱桃成熟时，色泽艳丽，口味甘甜，特别是在山区靠近成片树林的樱桃园，很易遭受鸟害。人工驱鸟，既费工效果又差。可采用架设防鸟网的方法把树保护起来，效果好而持久。

8 病虫害防治

病虫害防治的关键是：增施有机肥，防止旱、涝、冻害，健壮树势，增强树体抗病能力。在秋冬季节，清理果园，清除地下树叶、杂草，消灭越冬病原和越冬虫害。

8.1 根腐病

以防为主，选用排水良好的地块建园，推广起垄栽培，发病时期用1500倍70%甲基托布津液灌根。

8.2 溃疡病

温暖多雨的地方易发生，须选用无病的砧木和接穗繁殖苗木。发病时在发芽前喷施波尔多液，发芽后喷施1500倍农用链霉素。

8.3 褐斑病

发芽前喷5波美度石硫合剂，麦收前后喷第一次药，以后每隔15~20天喷一次杀菌剂，雨季中每隔7~10天喷一次。药剂有1:2:200的波尔多液、70%代森锰锌可湿性粉剂600~800倍液、75%百菌清可湿性粉剂800倍液、70%甲基托布津可湿性粉剂800~1000倍液等，以上药剂交替使用。

8.4 流胶病

主要是加强栽培管理，保证树体健壮生长，控制其他病害发生，提高树体的抗病能力。一旦发生，可刮除病疤后涂5波美度石硫合剂。

8.5 红颈天牛

在小幼虫于皮下为害期间，发现虫粪，即行人工挖除，或用针管注射50%辛硫磷乳油50倍液，注入虫道后，用药泥封堵杀之。6~7月份成虫发生期，人工捕杀。成虫羽化期前，在枝干上涂刷用10份生石灰、1份硫黄粉、40份水制成的涂白剂，防止成虫产卵。

8.6 金缘吉丁虫

成虫发生期，每隔2~3天，人工震落树上的成虫，利用其假死性，人工捕杀。幼虫为害期，人工挖除。

8.7 苹果透翅蛾

落叶后至发芽前，发现枝干上有红褐色粪便时，用小刀挖除皮层下的越冬幼虫。萌芽前后，发现枝干上有红色粪便时，用药棉或毛笔涂抹80%敌敌畏5倍液，药杀幼虫。成虫发生期，喷布30%桃小灵乳油2000倍药液。

8.8 桑白蚧

休眠期刮刷树皮，消灭桑白蚧越冬雌成虫。萌芽前喷一次波美5波美度石硫合剂。一代若虫孵化盛期，喷布一次25%的噻嗪酮可湿性粉剂1500~2000倍液。

8.9 朝鲜球坚蚧

发芽时喷一次2~3波美度石硫合剂或5%的柴油乳剂，药杀越冬出蛰若虫。若虫发成盛期可参照桑白蚧进行。

8.10　大灰象甲

成虫发生期利用其假死性，人工捕捉。

8.11　绿盲蝽

消除果园内外杂草，消灭越冬卵。若虫孵化期，喷布25%的噻嗪酮可湿性粉剂1500～2000倍液。

8.12　金龟子类

利用其假死性，敲击甜樱桃树的树干，震落后人工捕杀，也可用黑光灯诱杀。喷药可喷50%辛硫磷乳剂1500倍液，喷药宜在花前2～3天进行。成虫出土前，地面撒施5%辛硫磷颗粒剂，每公顷30kg，撒后浅锄地面，毒杀出土成虫或初孵幼虫。

8.13　舟形毛虫

在小幼虫群居一起为害的时期，人工摘除虫叶，将群栖幼虫杀死。幼虫为害期，喷布50%辛硫磷乳油1000倍液。

8.14　大青叶蝉

彻底清除果园内外和苗圃地的杂草，减少为害和繁殖场所。10月中旬成虫产卵前，在树干上涂白，忌避成虫产卵。人工挤压，消灭隆起的越冬卵。发生为害期，喷布25%的噻嗪酮可湿性粉剂1500～2000倍液果实采收。

9　采收

采收期与果实用途有关，鲜食一般应在充分成熟，表现本品种特点时采收，长途运输或加工制罐的一般在8成熟左右采收，比鲜食果提早5～7天，若用作酿酒，则要待果实充分成熟时采收。一株树上由于开花期的早晚和果实所处部位不同，成熟期也不尽一致。一般早开的花和树冠上部、外围果实，比晚开的花和树冠内膛的果实成熟要早。根据果实成熟的情况，可分期分批采收。

采摘时，手握果梗，用食指顶住果柄基部，轻轻掀起即可采下。

DB3704

枣　庄　市　地　方　规　范

DB3704/T 008—2014

无公害柿子生产技术规程

2014-09-10 发布　　　　2014-09-10 实施

枣庄市质量技术监督局　　发　布

前　言

本标准按照 GB/T 1.1 – 2009 给出的规则起草。

本标准由枣庄市林业工作站提出。

本标准由枣庄市林业局归口。

本标准起草单位：枣庄市林业工作站、中国林木种子公司。

本标准起草人：刘加云、黄宪怀、赵秀琴、陈思、魏士省。

无公害柿子生产技术规程

1 范围

本标准规定了无公害柿(*Diospyros kaki*)生产的园地选择与规划、品种及砧木的选择、栽植、土肥水管理、整形修剪、花果管理、病虫害防治、果实采收和分级、采后处理。

本标准适用于枣庄市行政区域内无公害柿的生产。

2 规范性引用文件

下列文件对于本文件的应用是必不可少的。凡是注日期的引用文件，仅所注日期的版本适用于本文件。凡是不注日期的引用文件，其最新版本(包括所有的修改单)适用于本文件。

GB 3095 环境空气质量标准

GB 4285 农药安全使用标准

GB 5084 农田灌溉水质标准

GB/T 8321(所有部分) 农药合理使用准则

GB 15618 土壤环境质量标准

GB/T 18407.2 农产品安全质量 无公害水果产地环境要求

NY/T 393 绿色食品 农药使用准则

NY/T 394 绿色食品 肥料使用准则

NY/T 496 肥料合理使用准则通则

3 园地选择与规划

3.1 园地选择

远离污染，光照充足，4～10月份的日照时数要求在1400h以上；气温：年平均气温涩柿10～18℃、甜柿13～17℃；最低气温涩柿不低于－17℃、甜柿不低于－15℃；降水：年降水量500mm以上。土层要求深厚、肥沃、排水透气性良好，以沙壤土或轻黏土最适宜；pH5.0～7.8，以6.0～7.0为最适宜。平地地下水位要求在1m以下。阳坡或半阳坡，坡度一般不超过25°。

3.2 园地规划

平地、滩地和6°以下的缓坡地，南北行向栽植，6°～15°的坡地，栽植行沿等高线栽植。规划营造防护林带及必要的排灌设施，建设必要的建筑物。

4　品种、砧木及苗木选择

4.1　品种选择

涩柿主要品种有：‘牛心柿’、‘磨盘柿’、‘合柿’、‘镜面柿’、‘巨柿’、新世纪柿1号~4号等；甜柿主要良种有：‘富有’、‘新次朗’、‘阳丰’、‘兴津20’等。

4.2　砧木

君迁子。

4.3　苗木质量

苗高≥90cm，嫁接部位以上5cm处直径≥1cm，根系完整，树皮、根皮和芽体无损伤，苗木无病虫害。

5　整地栽植

5.1　整地

按设计的株行距挖深60~80cm的栽植沟或80~100cm的栽植穴，沟(穴)底填20~30cm的作物秸秆。将挖出的表层土和底层土分别混入腐熟有机肥50kg，加拌磷肥1~1.5kg，按原土层回填沟(穴)中，注意一定不要打破原土层。然后灌足水沉实。

5.2　栽植

5.2.1　栽植时间

秋栽时间为10月下旬至11月上旬，土壤封冻前；春栽以芽膨大期为最适期，栽前把苗木根系浸入清水中浸泡48h，根系浸入深度10cm左右，让苗木根系充分吸水。

5.2.2　栽植密度

丘陵山地柿园以株行距(2~3)m×(4~5)m，肥力较高的平地柿园以株行距(3~4)m×(5~6)m为宜。

5.2.3　栽植方法

栽植时在已挖好回填的穴或沟中挖小穴，将苗木放入定植穴中央，使根系舒展，苗木扶直，边填土边提苗，踏实，使根系与土壤密接，不宜过深，嫁接口应露出地面。填土至地平，做畦，浇透水，山地果园覆盖1m^2地膜，10天后再浇1次水，以后根据墒情及时浇水，防止干旱。

5.2.4　授粉树配置

一般主栽品种与授粉品种的比为(5~9)∶1，授粉树成行配置。‘禅寺丸’是甜柿中最佳的授粉品种。

6　土肥水管理

6.1　土壤管理

6.1.1　深翻改土

从定植后第二年开始，每年在树的一侧沿定植穴向外挖宽60cm、深40~60cm的沟，结合施肥将熟土回填入沟，4年内完成扩穴。丘陵山地柿园，土壤砾石较多，必须换土改良，增加土壤有机质。

6.1.2　中耕除草和化学除草

清耕柿园生长季节要经常中耕除草，保持土壤疏松，消灭杂草，促进根系旺盛。中耕深度以10cm深度为宜。喷施除草剂要在无风天，不要喷到树叶上，以免发生药害。除草剂有：草甘膦、扑草净、稀禾定等。

6.1.3　生草栽培

选择草种有：白花三叶草、黑麦草、紫花苜蓿等。生草园需注意两点：及时铡割，割下的鲜草覆于树盘周围，以防夏季水分过度蒸腾加剧干旱；树盘周围要留有一定的空白圈，以防草与果树竞争水分和养分。与裸地相比生草园要适当增加肥水。

6.1.4　树盘覆草

将麦秆、玉米秸秆打碎后覆盖树盘，厚约20cm左右。注意树干根茎周围10～20cm以内不要覆草，保持根茎周围通风透气，防止烂根。

6.1.5　地膜覆盖穴贮肥水

山区丘陵地柿园，灌溉条件不好时，推广地膜覆盖贮肥水技术，即在树盘周围均匀挖2～4个深和直径各40cm的穴，在其中填充杂草或作物秸秆等，然后施入适量复合肥，灌满水，上面用细土覆盖后，盖上地膜保墒，干旱时随时揭开地膜补充水分。

6.2　施肥

6.2.1　施肥方法和数量

6.2.1.1　基肥

以有机肥为主，化肥为辅。以在果实采收后至土壤结冻前为宜。以放射状沟施、条状沟施、半环状沟施、全园撒施或穴施方法施入。施肥沟深30～40cm，宽60～70cm，长度视具体情况而定。幼树和初结果期树每年每亩施基肥2500～3000kg，成龄盛果期树每亩施有肥4000～5000kg、尿素10kg、过磷酸钙50kg、硫酸钾20kg。基肥施入量占全年施肥总量的70%～80%。

6.2.1.2　追肥

幼树在枝条速长期进行。盛果期树追肥时期为新梢速长期，幼果膨大期和果实着色期。新梢速长期以氮肥为主，幼果膨大期氮、磷、钾肥配合，果实着色期以磷、钾肥为主。盛果期树年施入量为每亩施纯氮20kg、磷17kg、钾20kg。采用穴施。

6.2.1.3　叶面喷肥

在新梢开始生长后进行，全生长季喷肥3～4次，也可与防治病虫结合进行。果实着色前可用300倍尿素，着色后可喷施300～500倍磷酸二氢钾等。喷肥时间在上午10：00以前或下午4:00以后。

柿树施肥宜少施勤施。氮、磷、钾的比例，幼树期10∶2∶10，结果期为10∶2∶14。

6.2.2　施肥时期

基肥在采果后施入，尽量早施(10月中旬至11月上旬)，追肥第一次在柿生理落果后施入，第二次在果实膨大期施入。

6.3　水分管理

灌溉水水质应符合GB/T 18407.2的规定。

6.3.1　灌水

分为萌芽前、谢花后、果实膨大期、采果后、封冻前等五个时期。萌芽前、花期和幼果膨大期保持土壤湿度为田间持水量的60% ~70%。花芽分化临界期保持50% ~60%为宜。提倡渗灌、穴贮灌水、滴灌、喷灌等节水灌溉方法。漫灌后应及时松土保墒。

6.3.2 排水

采用明沟排水，由总排水沟、干沟和支沟组成，比降为0.3% ~0.5%。

7 整形修剪

7.1 整形

7.1.1 自然开心形

主干高度40 ~60cm，主枝数一般为3个，3个主枝夹角为120°，主枝间隔20 ~30cm，第一主枝成枝角50° ~60°，第二主枝45°左右，第三主枝40°左右。每个主枝有2 ~3个侧枝，第一侧枝距基部50cm左右，第二侧枝的位置应距第一侧枝30cm左右。侧枝的完成，大约需5 ~6年时间。

7.1.2 变则主干形

主干比自然开心形的高，4 ~5个主枝，间隔距离也比自然开心形宽。第一主枝与第二主枝、第三主枝与第四主枝均为180°，4个主枝呈“十”字形排列。1个主枝上留2个侧枝，最上1个主枝留1个，全树有7个侧枝左右。当最后1个主枝选留以后，在其上方锯去中央领导干，完成整形约需5 ~7年时间。

7.1.3 主干疏层形

有明显的中央领导干，主枝在其上下层分布。第一层3个主枝，第二层2个主枝，第三层1个主枝，上下两层主枝错开，层间距离60 ~70cm。各主枝着生2 ~3个侧枝，两侧枝距离约60cm左右，侧枝上再着生结果枝组。干高1m左右，树冠呈圆锥形或半椭圆形，全树高5 ~7m。

7.2 修剪

7.2.1 冬季修剪

于落叶后至次年1月进行。

7.2.1.1 幼树修剪

结合整形进行修剪，宜轻剪。剪除干枯枝、病虫枝、背上枝、纤弱枝和密生枝，控制利用徒长枝。对主枝、侧枝延长头进行短截。

7.2.1.2 盛果期树修剪

当结果母枝过密时，则留壮去弱，左右错开。将内膛或大枝下部细弱枝条疏去，对具有2 ~3次梢的发育枝，应截去不充实部分，徒长枝除用于补空外，一般可从基部疏去。剪除果蒂、干枯枝、病虫枝、纤弱枝、交叉枝、重叠枝、背上枝，疏除或控制利用徒长枝；回缩衰老枝、下垂枝；多疏剪、少短截。

7.2.1.3 衰老树修剪

剪除果蒂、干枯枝、病虫枝；回缩衰老退化枝和下垂枝；短截利用徒长枝；短截经更新后的新主、侧枝延长枝头。

7.2.2 夏季修剪

7.2.2.1 抹芽

在新梢萌发后至未木质化前进行。幼树将整形带以下的萌芽全部抹去；大树上主枝分杈处、锯口附近或大枝拱起部分，在6～7月抹去向上或向下的嫩梢，留下侧下方的新梢1～2个，培养结果母枝。

7.2.2.2 徒长枝摘心

于6～7月份枝条长到20～30cm时，在先端未木质化部位摘心。

7.2.2.3 拉枝

当新梢方向合适，角度较小时，按理想角度和方向拉枝，7、8月份分别等新梢长至一定长度，再拉枝一次，使枝条按要求生长。

7.2.2.4 环剥

5～7月在健壮的幼树或旺而无果的主枝、主干上进行错口半圆形环剥或螺旋形环剥，剥皮宽度在5mm以下。

8 花果管理

8.1 授粉

在配置好授粉树的基础上，可在柿园花期放蜂，或进行人工授粉。另外，盛花期可以树冠喷施0.4%硼砂水溶液或喷50mg/kg赤霉素，以利保花保果，但禁止喷洒农药、灌溉和根系追施速效肥料。

8.2 疏花疏蕾

花前两周至初花，摘去5个叶以下小枝的所有花蕾；8～10个叶的枝留2蕾，多余疏除；10个叶以上的枝留2～3个蕾，其余疏除。

8.3 疏果

6月中旬生理落果结束后，进行人工疏果，10叶以上枝留1～2个果，8～10个叶枝留1果，多余果疏除。

9 病虫害防治

9.1 农药使用

以农业防治和物理防治为基础，提倡生物防治，科学使用化学防治（农药使用见附录A）。

9.2 主要病害防治

9.2.1 柿角斑病和柿圆斑病

落叶后彻底剪除树上残留的柿蒂，清除落叶，集中烧毁；萌芽前树冠喷洒一次5波美度石硫合剂（成晶体石硫合剂，下同）；5月中下旬，喷一次1:5:(400～500)倍波尔多液；雨季发病时可喷80%喷克可湿性粉剂700倍液，或70%甲基托布津可湿性粉剂1000倍液等杀菌剂。

9.2.2 柿炭疽病

收集病枝病果烧毁；严格选择苗木和接穗；萌芽前喷一次5波美度石硫合剂；6月以后用65%代森锌500～600倍，或75%百菌清可湿性粉剂700倍液喷洒。

9.2.3 柿白粉病

冬季清扫落叶烧毁，消灭越冬菌源。春季子囊孢子大量飞散之前，喷0.3波美度石硫合剂，6～7月喷1∶5∶400倍波尔多液，预防秋季发病。

9.2.4　柿黑星病

结合冬剪，剪去病枝和病柿蒂，集中烧毁，清除越冬菌源；柿树发芽前喷5波美度石硫合剂，萌芽后至5月下旬，每隔10～15天喷一次0.3～0.5波美度石硫合剂防治。

9.3　主要虫害防治

9.3.1　柿绵蚧和龟蜡蚧

萌芽前人工清除枝条上的越冬虫体，树冠喷5波美度石硫合剂，或95%柴油乳剂100～200倍液，防治越冬若虫。展叶后至开花前，用25%扑虱灵可湿性粉剂2000倍液等喷洒。

9.3.2　叶蝉和粉虱

清除杂草和落叶，6月份为害初期用10%吡虫啉可湿性粉剂2500倍液等喷洒防治。

9.3.3　柿蒂虫

冬季至柿树发芽前刮去枝干上老粗皮，集中烧毁，消灭越冬幼虫；在6月中下旬、8月中下旬，摘虫果2～3遍；8月中旬前树干绑草环，诱集老熟幼虫，入冬后解下集中烧毁；5月中旬和7月中旬，喷25%的噻嗪酮可湿性粉剂1500～2000倍液或50%杀螟松1000倍液。

9.3.4　金龟子

冬季深翻土壤，破坏越冬环境，杀死虫蛹；人工震落捕杀或用杀虫灯诱杀成虫；成虫盛期于傍晚用90%敌百虫晶体700倍液喷洒树冠。

9.3.5　柿毛虫

树下堆石块或树干扎稻草把诱杀；成虫羽化期，利用杀虫灯诱杀；在幼虫3龄前，喷25%灭幼脲胶悬剂1500倍液。

无公害柿病虫害防治作业历见附录B。

10　采收

10.1　采收时期

在果实达到本品种固有色泽和硬度时为采收适期。提取柿漆用的，在单宁含量最高时采收。作脆柿食用的，果实着色而未转红，种子呈褐色时采收，脱涩后供应市场。作软柿用的，应呈现该品种固有的色泽时采收，进行人工催熟，软化后供食。用于制饼的，应在霜降前后，果实由橙色稍转红色时采收。

10.2　采收方法

采摘以不折断2～3年枝为原则。采摘时不带露水及雨水。采果时，用人字梯和剪枝剪，按先冠外、后冠内，先下层、后上层的顺序进行。初果期树用剪枝剪直接从果枝上剪下果实，盛果期树可先将结果枝带果一起剪下，然后再将果实与枝条分离。摘果时要将果柄一起剪下，保证柿蒂完整无损。注意轻拿轻放，无伤采收，避免果品碰撞挤压等机械损伤。甜柿果面蜡粉保持完好。

11　分级、采后处理

11.1　分级

果实完整良好，新鲜洁净，无异味，无不正常外来水分，果实充分发育成熟，具有本品种应有的特征。

11.1.1　分级标准

特等果：除达到基本要求外，果形端正、柿蒂完整，大型果单果重 > 350g；中型果单果重 > 300g；小型果单果重≥150g。果面无刺伤、无碰压伤、无日灼、无虫伤。

一等果：除达到基本要求外，果形端正、柿蒂完整，大型果单果重≥300g；中型果单果重≥180g；小型果单果重≥130g。果面无刺伤、允许轻微碰压伤不超过 0.5$cm^2$1 处，轻微磨伤总面积不超过果面的 1/20，无日灼、无虫伤。

二等果：除达到基本要求外，果形端正、柿蒂完整，大型果单果重 > 250g；中型果单果重≥150g；小型果单果重≥100g。果面无刺伤，允许轻微碰压伤不超过 0.5$cm^2$1 处，轻微磨伤总面积不超过果面的 1/10，允许果面日灼面积不超过 3.0cm^2，无虫伤。

11.2　采后处理

11.2.1　贮藏

采用常温堆藏、塑料薄膜袋藏等方法，置于干燥、冷凉的场所。

甜柿贮藏适宜温度为 0 ~ 5℃，要求氧气浓度 3% ~ 5%，二氧化碳浓度 5% ~ 10%。

11.2.2　涩柿脱涩

温水脱涩：把柿子放在容器内(忌用铁器)加入 40℃ 的温水浸泡 16 ~ 18h。若温度低时，中间可换温水一次，多泡一天。

石灰水脱涩：先用水把石灰溶化，然后加水稀释成 3% ~ 5% 的浓度。将柿子浸入石灰水中，水要淹没柿子，经 3 ~ 4 天即可脱涩。

冷水脱涩：把柿子浸泡在冷水里 5 ~ 7 天。气温越高，脱涩越快。

酒精脱涩：装柿子时，每装一层喷一些 75% 的酒精，密封保温 20℃ 处理，9 天即可脱涩。

混果脱涩：柿果装入缸内，与梨、苹果、沙果、山楂等其他成熟的果实混放在一起，每 50kg 柿果可放 2.5 ~ 5kg 其他果实，分层混放，放满后封盖缸口。经 3 ~ 5 天即可软化、脱涩，而且果实色泽艳丽，风味浓。

松针、侧柏叶脱涩：将柿果装入底部铺有 10 ~ 12cm 厚切碎的新鲜马尾松针或柏树叶的容器内，再在上面覆盖 8 ~ 10cm 厚的马尾松针叶或柏树叶，然后密闭。在一般室温条件下，经 3 ~ 5 天即可脱涩。

乙烯脱涩：用 250ml/L 的乙烯水溶液把柿子浸 3min，然后密封 3 ~ 10 天。乙烯可促进果肉分子间的呼吸，产生乙醇和乙醛而使柿子脱涩。

二氧化碳脱涩：将柿子置于充满二氧化碳气体的密闭容器中，使其处于无氧状态，在 25 ~ 30℃ 的常压下 7 ~ 10 天即可脱涩。

附录 A
农药使用

A.1 禁止使用的农药

禁止使用剧毒、高毒、高残留农药和致畸、致癌、致突变农药。如：甲拌磷、苯线磷、久效磷、对硫磷、甲基对硫磷、甲胺磷、甲基异柳磷、氧化乐果、水胺硫磷、倍硫磷、福美胂、立克命、田安、氟化钠、六六六、滴滴涕、三氯杀螨醇、灭多威、涕灭威、克线丹、呋喃丹、杀虫脒、螨铵磷、爱力螨克、除草醚、草枯醚等。

A.2 限制使用的农药

有限制地使用中等毒性农药：主要品种有乐斯本、抗蚜威、敌敌畏、杀螟硫磷、灭扫利、功夫、歼灭、杀灭菊酯、氰戊菊酯、高效氯氰菊酯等。

限制施用的农药每年最多应用一次，最后一次施药距采果的天数最少 20 天以上，以保证柿果中无残留。

A.3 允许使用的农药

提倡使用的农药品种：①微生物源杀虫、杀菌剂，如 B. t. 、白僵菌、阿维菌素、中生菌素、多氧霉素、农抗 120 等。②植物源杀虫剂，如烟碱、苦参碱、印楝素、除虫菊、鱼藤、茴蒿素、松脂合剂等。③昆虫生长调节剂，如灭幼脲、除虫脲、卡死克、扑虱灵等；矿物源杀虫、杀菌剂，如机油乳油、柴油乳油、腐必清以及由硫酸铜和硫黄分别配制的多种药剂等。④低毒、低残留化学农药，如吡虫啉、尼索朗、克螨特、螨死净、菌毒清、代森锰锌类(喷克、大生 M－45)、新星、甲基托布津、多菌灵、扑海因、粉锈宁、甲霜灵、百菌清等。

采果前 20 天应禁止喷药。

附录 B
无公害柿病虫害防治作业历

月份	节气	物候期	防治对象	防治措施
12 月至翌年 3 月	大雪至春分	休眠期	越冬害虫越冬病菌	① 彻底清理果园，刮除老翘树皮，拣拾落果、摘除柿蒂，清扫枯枝落叶，集中深埋或烧毁 ② 收集越冬草履介壳虫卵和舞毒蛾(柿毛虫)卵块，集中烧毁 ③ 3 月份于树干光滑处绑缚倒漏斗装塑料布裙或黏胶带，阻杀草履介壳虫、柿毛虫上树危害 ④ 萌芽前全树细致喷施一次 5 波美度石硫合剂或机油乳剂 100 ~ 200 倍，消灭越冬介壳虫和病菌
5 月	立夏小满	新梢停长至坐果	金龟子	① 用黑光灯或糖醋液诱杀金龟子 ② 涂上菊酯类药防治害虫
6 月	芒种、夏至	生理落果期	柿绵介壳虫、金龟子、龟蜡蚧、柿蒂虫、叶蝉、白粉病、柿圆斑病、柿角斑病、黑星病等	① 6 月上旬及时喷布菊酯类农药或敌敌畏等，防治柿蒂虫、金龟子成虫 ② 6 月中下旬喷 1∶5∶400 倍 50% 波尔多液或多菌灵 500 ~ 600 倍液或 70% 代森锰锌 500 ~ 800 倍，预防柿圆斑病、柿角斑病和黑星病等 ③ 柿绵介壳虫危害严重时，及时喷布 25% 的噻嗪酮可湿性粉剂 1500 ~ 2000 倍液防治 ④ 喷 25% 阿克泰 6000 倍液或 10% 吡虫啉 2500 倍防治叶蝉、粉虱等

DB3704

枣 庄 市 地 方 规 范

DB3704/T 009—2014

无公害桃生产技术规程

2014－09－10 发布　　2014－09－10 实施

枣庄市质量技术监督局　发 布

前　　言

本标准按照 GB/T 1.1 – 2009 给出的规则起草。

本标准由枣庄市林业工作站提出。

本标准由枣庄市林业局归口。

本标准起草单位：枣庄市林业工作站、山亭区林业局、台儿庄区林业局。

本标准起草人：刘加云、朱伟、高冰、张宗文、钟清华。

无公害桃标准生产技术规程

1 范围

本标准规定了无公害桃(*Amygdalus persica*)产地环境的选择技术要求、灌溉水质量要求、土壤质量要求、空气质量要求。规定了生产园地选择与规划、品种、苗木及砧木选择、栽植、土肥水管理、整形修剪、花果管理、病虫害防治和果实采收等技术。

本标准适用于枣庄市行政区域范围内无公害桃的生产。

2 规范性引用文件

下列文件对于本文件的应用是必不可少的。凡是注日期的引用文件，仅所注日期的版本适用于本文件。凡是不注日期的引用文件，其最新版本(包括所有的修改单)适用于本文件。

GB 4285 农药安全使用标准

GB/T 8321 (所有部分) 农药合理使用准则

GB/T 18407.2 农产品安全质量 无公害水果产地环境要求

NY 5013 无公害食品 林果类产品产地环境技术条件

NY/T 393 绿色食品 农药使用准则

NY/T 394 绿色食品 肥料使用准则

NY/T 496 肥料合理使用准则通则

NY/T 5114 无公害食品 桃生产技术规程

3 产地环境要求

3.1 灌溉水质量指标

灌溉水质量指标应符合表1要求。

表1 灌溉水质量指标

项目		指标
氯化物，mg/L	≤	250
氰化物，mg/L	≤	0.5
氟化物，mg/L	≤	3.0
总汞，mg/L	≤	0.001
总砷，mg/L	≤	0.1

（续）

项目		指标
总铅，mg/L	≤	0.1
总镉，mg/L	≤	0.005
铬（六价），mg/L	≤	0.1
石油类，mg/L	≤	10
pH 值		5.5～8.5

3.2 土壤质量指标

土壤质量指标应符合表 2 要求。

3.3 空气质量指标

空气质量指标应符合表 3 要求。

表 2 土壤质量指标

项目		指标		
		pH＜6.5	pH 6.5～7.5	pH＞7.5
总汞，mg/kg	≤	0.30	0.5	1.0
总砷，mg/kg	≤	40	30	25
总铅，mg/kg	≤	250	300	350
总镉，mg/kg	≤	0.30	0.30	0.60
总铬，mg/kg	≤	150	200	250
六六六，mg/kg	≤	0.50	0.50	0.50
滴滴涕，mg/kg	≤	0.50	0.50	0.50

表 3 空气质量指标

项目	指标	
	日平均	
总悬浮颗粒物（TPS）（标准状态），mg/m^3	0. 3	—
二氧化硫（SO_2）（标准状态），mg/m^3	0.15	0.50
氮氧化物（NOx）（标准状态），mg/m^3	0.12	0.24
氟化物（F），$\mu g/(dm^2 \cdot d)$	月平均 10	—
铅（标准状态），$\mu g/m^3$	季平均 1.5	季平均 1.5

4 园地选择与规划

4.1 园地选择

选择生态条件较好、远离污染源、土质疏松、排水畅通的沙质土壤建园，土壤肥沃，有机质含量≥1%。pH5.5～6.5 的微酸性为宜，盐分含量≤0.1%，地下水位在 1.0m 以下。忌在低洼地、黏土地、重茬地建园。

4.2 园地规划

包括小区划分、道路及排灌系统设置、防护林营造、分级包装车间建设等。平地及坡度6°以下的缓坡地，栽植行向为南北向。坡度在6°~20°的山地、丘陵地，栽植沿等高线栽植。

4.3 整地与土壤改良

整平土地并施入足量有机肥，深翻熟化土壤，改良土壤结构，山地应改造地形，修筑梯田、撩壕、鱼鳞坑等。栽前要根据栽植株行距进行通沟或挖大穴整地，通沟整地的标准是深80cm，宽80~100cm，挖穴整地是挖宽、深各80~100cm的穴，开挖沟(穴)要生熟土各放一边，回填时生土掺作物秸秆或有机肥放在下部，熟土放上部，不打烂土层。回填后灌水沉实。

5 品种、苗木及砧木选择

5.1 品种选择

早熟桃品种主要有：'安农水蜜'、'春瑞'、'春雪'、'胜春'、'早美'、'早凤王'、'早红霞'、'早露蟠桃'等；中熟桃品种主要有：'新川中岛'、'秋红蜜桃'、'重阳红'、'丰白'、'莱州仙桃'、'美味'；晚熟桃良种有：'寒露红'、'中华寿桃'、'冬雪蜜桃'等；油桃有：'曙光'、'早红宝石'、'早红珠'、'丹墨'、'油蟠1号'等。无花粉品种要配置授粉树，授粉品种与主栽品种花期要相近，比例1∶4。

5.2 苗木选择

选择二年生苗或当年生壮苗。苗高0.8~1.2m，嫁接部位以上5cm处茎粗0.8cm以上，无病虫害和机械损伤，根系完整，侧根5条以上，长度15cm以上。对伤根要进行修剪。

5.3 砧木选择

以乔化砧木为主，选择晚熟实生毛桃做砧木。

6 栽植

6.1 栽植时期

秋季落叶后至次年春季桃树萌芽前均可栽植，以秋栽为宜，冬季管理不方便的地区宜春栽。

6.2 栽植密度

栽植密度应根据园地的立地条件(包括气候、土壤和地势等)、品种、整形修剪方式和管理水平而定，一般平原地株行距(3~4)m ×(3~5)m，丘陵地密度可稍大，株行距(2.5~3)m ×(3~4)m。

6.3 栽植方法

栽前对苗木根系用10%硫酸铜溶液浸5min后再放到2%石灰液中浸2min进行消毒，栽时在回填的沟(穴)上挖小穴，穴深、宽各30~40cm，将苗木放入穴中央，将根系舒展苗木扶直，使其纵横成行，然后填土，边填土边提苗，踏实，并轻轻抖动，使根系与土壤密接。填土至地平，做畦，浇透水，山地果园树盘覆盖1m^2地膜。按栽植密度进行合理定干，剪口用蜡或动物油等涂抹，防止水分蒸发。

7　土肥水管理

7.1　土壤管理

7.1.1　深翻改土

每年秋季果实采收后结合秋施基肥深翻改土。扩穴深翻在定植穴外挖环状沟或平行沟，宽50cm，深30～50cm，逐年向外扩穴，直至全园深翻，土壤回填时混入有机肥，填后充分灌水。

7.1.2　中耕

无水浇条件的地块，可采用清耕制，在生长季节降雨或灌水后，及时中耕松土，深度5～10cm。

7.1.3　覆草

山地桃园可树盘覆草，覆盖材料可用麦秸、麦糠、玉米秸、杂草等，把覆盖物覆盖在树冠下，注意树根径20cm内不覆草。覆草厚度15～20cm，上面压少量土，亩用量500～2000kg，覆草时间在5～9月份进行。

7.1.4　种植绿肥和行间生草

在有水浇条件的桃园，提倡实行生草制。种植的间作物应与桃树无共性病虫害、浅根、矮秆植物，以豆科和禾本科为宜，适时刈割埋于地下或覆盖于树盘，提高土壤有机质含量。

7.2　施肥

7.2.1　施肥原则

所施用的肥料不应对果园环境和果实品质产生不良影响，应是经农业行政主管部门登记或免于登记的肥料。提倡根据土壤和叶片营养分析进行配方施肥或平衡施肥。

7.2.2　允许使用的肥料种类

有机肥料：包括堆肥、沤肥、沼气肥、作物秸秆肥、泥肥、饼肥等农家肥和商品有机肥、有机复合肥。

腐殖酸类肥料：包括腐殖酸类肥。

化肥：包括氮、磷、钾等大量元素肥料和微量元素肥料及其复合肥料等。

微生物肥料：包括微生物制剂及经过微生物处理的肥料。

7.2.3　使用肥料的注意事项

禁止使用未经无害化处理的城市垃圾或含有重金属、橡胶和有害物质的垃圾；控制使用含氯化肥和含氯复合肥。

7.2.4　施肥方法和数量

7.2.4.1　基肥

9～10月份施入，以有机肥为主，混加少量化肥。施肥量按1kg桃果施1.5～2kg优质有机肥计算，三年生以下幼树每株25kg左右。施基肥时可混加化肥，成龄树可株施尿素、磷酸二铵、硫酸钾各0.3～0.6kg，过磷酸钙1～2kg。施肥方法为挖放射状沟、环状沟或平行沟，沟深、宽各30～40cm。

7.2.4.2　追肥

幼龄树和结果树的果实发育前期，追肥以氨磷肥为主；果实发育后期以磷钾肥为主。

定植当年的幼树，5 月中旬株施 0. 1kg 尿素，7 月中旬株施 0. 1kg 磷酸二铵。以后三年每年在以上时期各递增用量 0. 1kg。结果树地下追肥主要在萌芽前、花后、硬核期进行，萌芽前株施尿素 0. 3 ~ 1kg，花后株施尿素或磷酸二铵 0. 3 ~ 1. 2kg，硬核期株施硫酸钾 0. 5 ~ 0. 75kg、尿素 0. 3 ~ 1kg 或三元素复合肥 0. 5 ~ 1kg。

在生长期可多次进行根外追肥。7 月份前以喷尿素为主，出现黄叶病时喷 0. 3% 尿素 +200 倍硫酸亚铁，出现小叶病时喷 0. 3% 硫酸锌。7 月份后喷磷钾肥为主，采收后树体立即喷一次 0. 5% 尿素。距离果实采收期 20 天内停止叶面追肥。

7. 3　水分管理

7. 3. 1　灌溉

要求灌溉水无污染，水质应符合 NY 5113 规定。重点在萌芽前、开花后、硬核期前、封冻前进行。前三个时期结合施肥进行。硬核期浇“过堂水”，灌水适中不宜多。提倡采用滴灌、喷灌等节水灌溉方法。

7. 3. 2　排水

设置排水系统，当果园积水时，及时利用排水沟渠排水。

8　整形修剪

8. 1　主要树形

8. 1. 1　三主枝开心形

干高 50 ~ 60cm，选留 3 个主枝，主枝方向不要正南，主枝角度 60° ~ 70°，每个主枝配置 2 ~ 3 个侧枝，呈顺向排列，侧枝开张角度 70°左右。

8. 1. 2　两主枝开心形(“V”字形)

干高 50 ~ 60cm，两主枝角度 60° ~ 90°东西各一个主枝上直接着生或培养结果枝组。

8. 1. 3　自由纺锤形

密植桃园可以选择自然纺锤形。干高 50 ~ 60cm，在中央领导干上每隔 15 ~ 20cm 着生一个主枝，其上直接着生结果枝组，树高依据密度而定，不能超过行距。

8. 2　修剪要点

8. 2. 1　幼树期及结果初期

幼树生长旺盛，应重视夏季修剪，原则“轻剪、长放、多留枝”。采用拉枝、利用副梢及外芽枝的办法，开张主枝角度。主要以整形为主，尽快扩大树冠，培养牢固的骨架；对骨干枝、延长枝适度短截，对多余的骨干枝，采取轻剪长放，提早结果，逐步培养各类结果枝组。

8. 2. 2　结果树修剪

疏除背上直立枝、病虫枝，采用缓放结合并适当抬高主枝角度等方法维持主枝生长势。用“抑前促后”的办法调节枝、果量及枝条角度。长结果枝适当短截，稀疏树冠，注意更新。

8. 2. 3　衰老树修剪

缩剪骨干枝，抬高角度，疏除细弱枝。对内膛发生的徒长枝采取先放后缩或先缩后放的办法，培养成新的结果枝组。

9 花果管理

9.1 人工辅助授粉

采集多品种混合花粉，于50%花朵开放时进行人工点花授粉。若遇不良天气，在盛花期再点授一次。

9.2 疏花疏果

9.2.1 原则

根据品种特点和果实成熟期，通过整形修剪、疏花疏果等措施调节产量，一般每亩产量1250～2500kg。

9.2.2 时期

疏花在大蕾期进行，疏果从落花后两周到硬核期前进行。

9.2.3 方法

具体步骤是先里后外、先上后下，疏果首先疏除小果、双果、畸形果、病虫果，其次是朝天果、无叶枝上的果。选留部位以果枝两侧、向下生长的果为好，长果枝留3～4个，中果枝留2～3个，短果枝、花束状果枝留一个或不留。

9.3 果实套袋

9.3.1 果袋种类的选择

套袋要采用专用纸袋，选择正规厂家生产的桃果专用纸袋。

9.3.2 适宜套袋的品种

易裂果品种和晚熟品种必须套袋。如：‘中华寿桃’、‘晚蜜’、‘21世纪’等晚熟品种，‘华光’、‘瑞光3号’等易裂果品种。

9.3.3 套袋时期和方法

在定果后及时套袋。套前要喷一次杀菌剂和杀虫剂。套袋顺序为先早熟后晚熟，坐果率低的品种可晚套，以减少空袋率。

9.3.4 解袋

一般在果实成熟前10～20天进行，不易着色的品种可适当提前解袋。解袋前，单层袋先将底部打开，逐渐将袋去除，双层袋应分两次解完。

10 病虫害防治

10.1 防治原则

积极贯彻“预防为主，综合防治”的原则。以农业和物理防治为基础，提倡生物防治，按照病虫害的发生规律和经济阈值，科学使用化学防治技术，有效控制病虫害。

10.2 农业防治和人工防治

合理施肥、灌水、增施有机肥、合理负载、保证树体健壮，提高树体抗病能力合理修剪，保证树冠通风透光良好。采取剪除病虫枝、清除枯枝落叶、翻树盘、地面秸秆覆盖、地膜覆盖、刮除粗老翘皮和腐烂病斑，并涂抹3～5波美度石硫合剂，促进伤口愈合，避免流胶，科学施肥等措施抑制或减少病虫害发生。

10.3 物理防治

根据害虫的生物学特性，在桃树4、5月份采取糖醋液诱杀成虫。5月份以后采用黑光灯诱杀害虫，还可以采用频振式杀虫灯，树干缠草把、使用黏着剂和防虫同等方法诱杀害虫。

10.4 生物防治

通过保护瓢虫、小花蝽、草蛉、食蚜蝇、捕食螨、寄生蜂等天敌，控制蚜虫、叶螨、潜叶蛾等害虫，或利用有益微生物及代谢产物防治害虫，还可利用昆虫性外激素诱杀害虫。

10.5 化学防治

以矿物源、植物源、生物药当家，严禁使用剧毒、高毒、高残留或是有致畸、致癌、致突变的农药。禁止使用的农药有：甲拌磷、乙拌磷、久效磷、对硫磷、甲胺磷、甲基对硫磷、甲基乙硫磷、氧化乐果、磷胺、克百威、涕灭威、灭多威、杀虫脒、三氯杀螨醇、克螨特、滴滴涕、六六六、林丹、氟化钠、氟乙酰胺、福美胂及其他杀虫剂。

使用化学农药时严格按照 GB 4285、GB/T 8321 所有部分要求控制施药量和安全间隔期的规定执行。

10.5.1 主要病虫害防治

10.5.1.1 桃细菌性穿孔病

芽膨大期用 3 波美度石硫合剂，消灭在树体上越冬的病菌；生长季节用 72% 农用链霉素水剂 4000 倍液喷雾防治，安全间隔期 7 天；或用 70% 代森锰锌可湿性粉剂 500 ~ 600 倍液喷雾防治；或用 80% 喷克可湿性粉剂 800 倍液，或用倍量式硫酸锌石灰液（硫酸锌 0.5kg + 消石灰 1kg + 水 120kg），安全间隔期 21 天。

10.5.1.2 桃疮痂病

从萌芽期至果实采收前，用 50% 多菌灵可湿性粉剂 500 倍液喷雾防治，或 70% 甲基托布津可湿性粉剂 800 倍液；安全间隔期 15 天；或 40% 福星乳油 8000 倍液喷雾防治，安全间隔期 15 天。

10.5.1.3 桃缩叶病

从萌芽至幼果套袋前，用 1.5% 多抗霉素可湿性粉剂 300 倍液喷雾防治，安全间隔期 21 天；或 70% 甲基托布津可湿性粉剂 1000 倍液喷雾防治，安全间隔期 30 天。

10.5.1.4 桃树流胶病

及时喷药防治病虫害和主干涂白避免冻害、日灼、机械创伤；加强肥水科

学管理，增强树势，提高树体抗病力；对侵染性流胶病，芽膨大期前喷 1 次 4 ~ 5 波美度石硫合剂或 200 ~ 300 倍流胶定涂抹；生长期从 4 月份展叶开始喷 50% 多菌灵 1000 倍液或流胶定 800 ~ 1000 倍液。半个月 1 次，共喷 4 次。

10.5.1.5 桃蚜

从萌芽期至幼果套袋前，用 0.3% 苦参碱水剂 1000 倍液喷雾防治，安全间隔期 15 天。

10.5.1.6 叶螨

从萌芽期开始发生至果实采收前，用 1.8% 齐螨素乳油 5000 倍液喷雾防治，安全间隔期 21 天。

10.5.1.7 桃潜叶蛾

从萌芽至开花期，用 25% 灭幼脲 3 号悬浮剂 1200 倍液喷雾防治，安全间隔期 15 天。

10.5.1.8　蚧类害虫

从萌芽期至果实采收前，谢花后 10 ~ 15 天，防治桃白蚧、朝鲜球坚蚧，用 10% 吡虫啉可湿性粉剂 3000 倍液喷雾防治，安全间隔期 15 天；或喷 0.2 ~ 0.3 波美度石硫合剂防治，如严重发生，应在 7 天后再喷一次。在 5 月中下旬桑白蚧若虫孵化期，可喷布扑虱灵，兼治朝鲜球坚蚧。

10.5.1.9　梨小食心虫

从落花开始至果实膨大期，均有发生，及时剪除被害梢，同时喷布灭幼脲 3 号 25% 悬浮剂 2500 倍液，兼治桃蛀螟。

11　果实采收

采收时期根据品种特性、用途和市场需求而定，成熟期不一致的品种应分期采收。人工采摘，动作要轻、轻拿轻放。装果筐、箱用无污染的软质材料衬垫，避免刺伤、捏伤、挤伤、碰伤。

附录 A
桃树全年病虫害防治历

时期(物候期)	防治对象	防治方法
2月底3月初 (发芽前)	越冬病菌、越冬蚜虫、红蜘蛛等害虫	3~5波美度石硫合剂
3月上旬 (芽萌动)	铲除树上越冬病菌、蚜虫、介壳虫及其他越冬害虫	10%歼灭乳油2000~3000倍液+95%机油乳剂50~80倍液+10%吡虫啉可湿粉5000~8000倍液
4月中旬至5月中旬 (花后5~7天)	防治蚜虫、卷叶虫、潜叶蛾、叶片穿孔病、烂果病等	25%噻虫嗪5000~6000倍液+10%吡虫啉可湿粉5000~6000倍液+80%喷克可湿粉800倍液或70%甲基托布津可湿粉或50%多菌灵可湿粉1000倍液+流胶定800~1000倍液
5月中旬	防治蚜虫、卷叶虫、潜叶蛾、叶片穿孔病、烂果病等	幼脲3号25%悬浮剂2500+10%吡虫啉可湿粉2000~3000倍液+80%喷克可湿粉800倍液或70%甲基托布津可湿粉或50%多菌灵可湿粉800倍液+流胶定800~1000倍液(喷克与甲基托布津或多菌灵交替使用)。
5月下旬 (麦收前)	防治蚜虫、桃蛀螟、卷叶虫、潜叶蛾、叶片穿孔病、烂果病等	幼脲3号25%悬浮剂2500倍液+10%吡虫啉可湿粉5000~6000倍液+80%喷克可湿粉800倍液或70%甲基托布津可湿粉或50%多菌灵可湿粉1000倍液或流胶定800~1000倍液
6月10日 (麦收后)	防治红蜘蛛、桃蛀螟、卷叶虫、潜叶蛾、叶片穿孔病、烂果病等	幼脲3号25%悬浮剂2500倍液+20%扫螨净(哒螨酮)乳油2500倍液+80%喷克可湿粉1000倍液+70%甲基托布津可湿粉或50%多菌灵可湿粉1000倍液
7月初	防治红蜘蛛、卷叶虫、潜叶蛾、叶片穿孔病、烂果病等	重复6月10日用药,(1)、(2)可交替使用
7月20日	防治红蜘蛛、卷叶虫、潜叶蛾、叶片穿孔病、烂果病等	重复6月10日用药,(1)、(3)可交替使用
8月上旬	防治红蜘蛛、卷叶虫、潜叶蛾、叶片穿孔病、烂果病等	10%歼灭乳油2500~3000倍液+80%喷克可湿粉1000倍液+70%甲基托布津可湿粉或50%多菌灵可湿粉1000倍液
8月中旬	食叶害虫、潜叶蛾、叶片穿孔病、烂果病等	重复8月上旬用药,若果实已采收,幼脲3号25%悬浮剂2500倍液+80%喷克可湿粉800倍液
9月上旬	与8月中旬同	重复8月上旬用药
9月下旬	与8月中旬同	重复8月上旬用药
10月中旬	与8月中旬同	重复8月上旬用药

DB3704

枣　庄　市　地　方　规　范

DB3704/T 010—2014

无公害杏生产技术规程

2014 - 09 - 10 发布　　　　2014 - 09 - 10 实施

枣庄市质量技术监督局　　发　布

前　　言

本标准按照 GB/T 1.1－2009 给出的规则起草。
本标准由枣庄市林业工作站提出。
本标准由枣庄市林业局归口。
本标准起草单位：枣庄市林业工作站。
本标准起草人：刘加云、龙滕周、朱伟、杨卫山、赵秀琴。

无公害杏生产技术规程

1 范围

本标准规定了无公害杏(*Prunus armeniaca*)生产加工园地选择与规划、品种及砧木苗木选择、栽植、土肥水管理、整形修剪、花果管理、病虫害防治、果实采收等技术。

本标准适用于枣庄市行政区域范围内无公害杏的生产。

2 规范性引用文件

下列文件对于本文件的应用是必不可少的。凡是注日期的引用文件，仅所注日期的版本适用于本文件。凡是不注日期的引用文件，其最新版本(包括所有的修改单)适用于本文件。

GB 4285 农药安全使用标准

GB 8321(所有部分) 农药合理使用准则

NY/T 393 绿色食品 农药使用准则

NY/T 394 绿色食品 肥料使用准则

NY/T 496 肥料合理使用准则通则

3 园地选择与规划

3.1 园地选择

选择背风向阳、土质疏松、排水畅通的沙质土壤建园，土壤肥沃，有机质含量≥1%。pH5.5～6.5的微酸性为宜，盐分含量≤0.2%，地下水位在1.0m以下。忌在低洼地、黏土地及其他核果类重茬地建园，园地要远离工业、矿业等污染源，周围无大气和土壤污染，符合GB/T 18407.2—2001中农产品安全质量，无公害水果产地环境要求。见表1、表2。

表1 无公害杏的产地环境空气质量要求

指标		浓度限值	
		日平均	1h平均
总悬浮颗粒物(TPS)(标准状态)，mg/m^3	≤	0.30	—
二氧化硫(SO_2)(标准状态)，mg/m^3	≤	0.15	≤0.50
氮氧化物(NOx)(标准状态)，mg/m^3	≤	0.12	≤0.24
氟化物(F)，μg/(dm^2·d)	≤	月平均10	—
铅(标准状态)，μg/m^3	≤	季平均1.5	

注：日平均指任何一日的平均浓度。1h平均指任何一小时的平均浓度。

表 2　无公害杏的产地土壤环境质量要求

指标		指标值(含量极限)		
		pH < 6.5	pH6.5 ~ 7.5	pH > 7.5
总镉，mg/kg	≤	0.30	0.30	0.60
总汞，mg/kg	≤	0.30	0.50	1.00
总砷，mg/kg	≤	40	30	25
总铅，mg/kg	≤	250	300	350
总铬，mg/kg	≤	150	200	250
总铜，mg/kg	≤	150	200	200

3.2　园地规划

包括小区划分、道路及排灌系统设置、防护林营造、分级包装车间建设等。平地及坡度6°以下的缓坡地，栽植行向为南北向，坡度在6° ~ 20°的山地、丘陵地，栽植沿等高线栽植。一般坡向以南向或东南向为好，不宜在阴坡或半阴坡栽植。

4　砧木、品种和苗木选择

4.1　品种选择

品种有‘金太阳’、‘凯特’、‘红荷包’、‘红玉杏’、‘红丰’、‘新世纪’、‘巴旦杏’等。配置与主栽品种花期相近的授粉品种，比例(3 ~ 4)∶1 为宜。

4.2　砧木选择

砧木：普通杏、山杏。

4.3　苗木选择

选择二年生苗或当年生壮苗，苗干组织充实，芽充实饱满，嫁接部位愈合完好。苗高0.8 ~ 1.2m，嫁接部位以上5cm处直茎粗0.8cm以上，无病虫害和机械损伤，根系完整，生长健壮，侧根5条以上，长度15cm以上。对伤根要进行修剪。

5　栽植

5.1　栽植时期

秋季落叶后至次年春季杏树萌芽前均可栽植，以春栽为宜。

5.2　栽植密度

栽植密度应根据园地的立地条件、品种、整形修剪方式和管理水平而定，一般平原地株行距(3 ~ 4)m × (3 ~ 4)m，丘陵地密度稍大，株行距(2.5 ~ 3)m × (3 ~ 4)m。

5.3　栽植方法

栽前整平土地并施入足量有机肥，深翻熟化土壤，改良土壤结构，山地应改造地形，修筑梯田、撩壕、鱼鳞坑等。定植穴60 ~ 80cm见方，在沙土瘠薄地可适当加大。表土与生土分开放置，分别与基肥均匀混合后分层回填，不要打破原土层，回填后及时浇水沉实。栽前对苗木根系用1%硫酸铜溶液浸5min后再放到2%石灰液中浸2min进行消毒，栽时在已挖好并回填的定植穴中挖小穴，将苗木放入穴中央，将根系舒展苗木扶直，然后填土，边填土边提苗，踏实，并轻抖动，使根系与土壤密接。填土至地平，做畦，浇透水，山地果园地面覆1m^2地膜。按栽植密度进行合理定干，一般定干高度60 ~ 80cm。剪口用蜡或动物油等涂抹，防止水分蒸发。

6 土肥水管理

6.1 土壤管理

6.1.1 深翻改土

杏树栽后从第一年起，沿树盘外侧顺行间开挖宽0.8～1m，深1m的沟，生熟土各放一边，回填时生土在上熟土在下，加入绿肥、厩肥等有机肥及磷钾肥，过于黏重的土壤可以掺入河沙；沙层过深的土壤可以客土改良，回填后充分灌水沉实。

6.1.2 中耕除草

没有灌溉条件的杏园，生长季节降雨或灌水后，及时中耕除草松土，深度5～10cm。

6.1.3 覆草

覆盖材料可用麦秸、麦糠、玉米秸、杂草等，把覆盖物覆盖在树冠下，厚度15～20cm，上面压少量土，亩用量1500～2000kg，覆草时间在5～9月份进行。注意根茎周围20cm不覆草。连续覆草3～4年后翻压1次。

6.1.4 种植绿肥和行间生草

有灌溉条件的杏园，提倡杏园生草制。播种豆科或禾本科耐寒、耐旱、耐瘠薄的草品种，如三叶草、百脉根、小冠花、沙打旺、草樨等。适时刈割埋于地下或覆盖于树盘，提高土壤有机质含量。

6.2 施肥

6.2.1 施肥原则

所施用的肥料不应对果园环境和果实品质产生不良影响，应是经农业行政主管部门登记或免于登记的肥料。提倡根据土壤和叶片营养分析进行配方施肥或平衡施肥。

6.2.1.1 允许使用的肥料种类

有机肥料：包括腐熟的堆肥、沤肥、沼气肥、作物秸秆肥、泥肥、饼肥等农家肥和商品有机肥、有机复合肥。

腐殖酸类肥料：包括腐殖酸类肥。

化肥：包括氮、磷、钾等大量元素肥料和微量元素肥料及其复合肥料等。

微生物肥料：包括微生物制剂及经过微生物处理的肥料。

6.2.1.2 禁止使用的肥料

禁止使用未经无害化处理的城市垃圾或含有重金属、橡胶和有害物质的垃圾；末获准登记的肥料产品。控制使用含氯化肥、含氯复合肥和硝态氮肥。

6.2.2 施肥方法和数量

6.2.2.1 基肥

在每年秋季落叶前结合深翻施入基肥，适当混合些磷钾肥。基肥的施用量应根据土壤的肥瘠、栽植密度、树龄和产量及肥料的质量而定，一般杏幼园和初果杏园每亩施基肥2000～3000kg；成龄杏园每亩可施基肥4000～5000kg。

6.2.2.2 追肥

每年4次，即花前、幼果膨大期及花芽分化期、果实生长后期、采收后。

花前：于开花前半个月施入，以速效氮肥为主，成龄树每株施0.5～1.0kg尿素；

幼果膨大期及花芽分化期：以速效氮肥为主，辅以磷、钾肥，成龄树每株追施尿素0.5～1.0kg，硫酸钾1.0kg，过磷酸钙1.0kg，也可施磷酸二铵1～1.5kg。

果实生长后期：在采前半个月，追施钾肥一次，成龄树每株施硫酸钾0.5～1.0kg。

在采收之后，可结合早秋施基肥进行。此次追肥量宜大，并应氮、磷、钾肥全面施用，成龄树每株施尿素1.0kg，磷酸二铵0.5kg，硫酸钾0.5kg。追肥常采用穴施，在树盘内均匀地挖10～20cm深的坑穴若干个，将肥料施后覆土。

6.2.2.3 根外追肥

花前喷0.5%～1%的尿素水溶液（喷树干）；花期喷0.3%硼砂加0.3%尿素混合液；花后喷0.3%尿素加0.3%磷酸二氢钾；果实膨大期喷0.3%～0.4%的磷酸二氢钾；花芽分化期每隔半月喷1次0.2%～0.4%磷酸二氢钾；采收后喷0.3%尿素加0.5%磷酸二氢钾溶液。

6.3 水分管理

6.3.1 灌水

要求灌溉水无污染，水质应符合（GB 5084 －1992）标准规定，见表3。杏园少雨地区和干旱季节应灌水，遇春旱时应在萌芽前结合施春肥灌透水一次，可保证开花的坐果及新梢生长的需要。杏在硬核期（谢花后1个月）需水较多，此期一般雨水较多，无需灌水，但遇特别干旱的年份，仍应灌水。每年7月份正值花芽分化期，为促进花芽分化可适度干旱，但若叶片出现萎蔫仍应灌水，以保证叶片正常生长而不落叶。

表3 无公害杏的灌溉水质量要求

指标	指标值	指标	指标值	指标	指标值
pH	5.5～8.5	石油类，mg/L ≤	10	总铅，mg/L ≤	0.1
氰化物，mg/L ≤	0.5	总汞，mg/L ≤	0.001	总镉，mg/L ≤	0.005
氟化物，mg/L ≤	3.0	总砷，mg/L ≤	0.1	六价铬，mg/L ≤	0.1

6.3.2 排水

设置排水系统，当杏园积水时，及时利用排水沟渠排水。

7 整形修剪

7.1 整形

7.1.1 自然圆头形

该树形是顺应杏树的自然生长习性，人为稍加改造而成，主要特征是没有明显的主干。在苗木定植后整形带内选留5～6个错落着生的主枝，除最上部一个主枝向上延伸外，其余皆向外围伸展，当主枝长达50～60cm时剪截或摘心，促其形成2～3个侧枝，侧枝分列主枝两侧，最后1个侧枝继续延伸，当侧枝长达30～50cm时剪截或摘心。促生侧枝，侧枝上配备枝组。

7.1.2 主干疏层形

有一个明显的中心干，在其上分层着生6～8个主枝。定干后在整形带内选留3～4个主枝，使其错落着生于主干的不同方向。形成第一层，各主枝间的距离为15～20cm，最上的一个主枝继续向上延伸。第二年或第三年距第一层主枝 80 ~ 100cm 以上选留 2 ~ 3 个主枝形成第二层，第二层主枝要与第一层主枝上下错落。第二层的最上一个主枝仍继续向上延伸。在第三年或第四年在距第二层主枝 60 ~ 70cm 以上选留 1 ~ 2 个主枝，形成第三层，为使主干不再延伸，第三层最上部的一个主枝应使之斜生或拉平，使树顶形成一个小开心。各层主枝上选留的侧枝数依次减少，第一层每枝 3 ~ 4 个；第二层 2 ~ 3 个，第三层 1 ~ 2 个。侧枝至主枝上的排列也要错落开，相距 30 ~ 50cm。

7.1.3 自然开心形

干高 50cm 左右，全树 3 ~ 4 个主枝，各主枝间距 20 ~ 30cm，主枝基角 50° ~ 60°。每主枝上留 2 ~ 3 个侧枝，侧枝间距 50cm 左右，主侧枝上均可着生结果枝组。

7.1.4 延迟开心形

干高 60 ~ 70cm，中心干上均配置 5 ~ 6 个主枝，第一层 3 个主枝，第二层 2 个主枝，层间距 80 ~ 100cm，层内主枝间距 20 ~ 40cm，树高达到 2 ~ 2.5m 时将中心干最上一个主枝上部去掉，呈开心状。

7.2 修剪技术

7.2.1 幼树的修剪

杏树幼树的修剪主要是短截主枝和侧枝的延长枝促生分枝，增加枝量并保持主侧枝的继续延伸，适时疏除过密枝、直立枝、交叉枝、内向枝，并用拉枝、扭梢等技术促进早成花、早丰产。定干后当新梢长到 60cm 时，选留 3 ~ 4 个位置合适的枝条作主枝，在长 40cm 处短截，其余枝条拉平。掌握“夏剪为主，冬剪为铺；粗枝少剪，细枝多剪；长枝多剪，短枝少剪”的原则。对非骨干枝，除及时疏去直立性竞争枝外，其余冬季均予以较轻的短截，促其形成果枝或结果枝组。一些直立性强的枝条，可用拉枝或扭梢的方法将其转成水平状态，待其萌发短枝之后予以回缩，转成结果枝组。可于此类枝条发生的早期予以摘心或连续摘心，促其在当年形成结果枝组。幼树的结果枝均应保留，除花束状结果枝外，进行轻短截。幼树的长果枝很少坐果，应剪截 1/3 左右使转化成结果枝组。

7.2.2 初果期树的修剪

初果期树的树形已基本形成，修剪的主要任务是继续扩大树冠，合理调节营养生长和生殖生长之间的关系。采取以夏剪为主，冬剪与夏剪相配合的方法。初果期杏树对各类营养生长枝的处理基本与幼果期相同。仅对各类结果枝或果枝组作适当调整。此期结果枝均应保留，对坐果率不高的长果枝可进行短截，促其分枝培养成结果枝组，中短果枝是主要结果部分，可隔年短截，既可保产量，又可延长寿命，并避免了结果部分外移。花束状结果枝、针状小枝不动，对生长势衰弱和负载量过大的结果枝组要进行适当回缩或疏除。

7.2.3 盛果期树的修剪

5 ~ 6 年进入盛果期，此期整形任务已完成，修剪主要任务是调节结果与生长的关系，平衡树势，保持丰产稳产。为平衡负载，对于大量的短果枝和花束状果枝，要进行适度的疏剪。对短果枝和中果枝也要进行短截，一般短果枝剪去 1/2，中果枝剪去 1/3。为防止结果部位外移，对大中型枝组及时进行回缩，对中轴有拇指粗细的枝组可回缩到 2 年生部位，稍细些的枝组，回缩到延长枝基部。树冠内部的交叉枝、重叠枝进行回缩或疏除。对衰弱的主侧枝和多年生结果枝组、下垂枝，应在强壮的分枝部位回缩更新或抬高角度，使其恢复树势；对连续结果 5 ~ 6 年的花丛状果枝在基部潜伏芽处回缩，促生新枝，重新培养花丛状果枝。内膛抽生的徒长枝，只要有空间尽量保留，可在生长季连续摘心，或冬季重短截，促生分枝，培养新的结果枝组。注意清除病虫枝和枯死枝。

7.2.4 衰老期树的修剪

按树体骨干枝的主从顺序，先主枝、后侧枝依次回缩，回缩的程度应掌握“粗枝长留，细枝短留”的原则，一般可锯去原枝长的1/2～1/3。为了保险起见，锯口要落在一个“根枝”的前面3～5cm处，所谓根枝是指锯口下向上生长的枝条或枝组，对根枝也要短截。锯口要削平并涂以油漆。

8 花果管理技术

8.1 控冠促花技术

在定植第1～3年要促花，方法是：秋季拉枝开张角度，缓和树势，发芽前刻芽，促发短枝，雨季注意开沟排水，使土壤保持适度干旱。采果后喷间隔10天，喷2次300倍15%多效唑或200倍PBO。

8.2 保花保果措施

8.2.1 花期放蜂

花期放蜜蜂，每5亩放1箱蜜蜂，蜂箱间隔距离100～150m。也可释放角额壁蜂为杏树传粉。在开花前5～10天释放，每亩60～150头，蜂箱离地面约45cm，箱口朝南(或东南)，箱前50cm处挖一小沟或坑，备少量水存放在其中，作为壁蜂的采土场。一般放蜂后5天左右为出蜂高峰，壁蜂出巢活动访花时间，也正是授粉的最佳时刻。

8.2.2 人工授粉

遇暖冬的年份，败育花多，尤其要进行人工授粉，以提高坐果率。人工辅助授粉宜在盛花期进行。在开花较早的杏园采集“铃铛花”，室内取花药、阴干、装瓶，避光存放。初盛花期时用铅笔橡皮头或软毛笔沾花粉点授，也可用花粉加葡萄糖加硼酸加水按1∶2∶2∶500倍的比例喷雾授粉。授粉时间最好在无风天气的上午9:00左右随配随喷。

8.2.3 花期喷水

于盛花期喷清水，使柱头保持湿润，在水中加入0.1%的硼砂和0.1%尿素，可显著提高坐果率。喷水时应尽量使水滴呈雾状，水滴不可过大，水量也不能过多，以免影响传粉昆虫的活动。

8.2.4 喷施激素和营养元素保花保果

盛花期喷20～40mg/kg赤霉素、0.3%硼砂加0.2%尿素(或1200倍稀土)、0.3%磷酸二氢钾等都可提高当年坐果率，减少落果。

8.3 疏花疏果

疏花，主要是疏花枝，即在花前复剪时将过密、瘦弱、受病虫危害的短果枝和花束状果枝疏去一部分，疏花量视树势强弱而定，壮树少疏，弱树多疏，大果型品种多疏，小果型品种少疏。疏果在落花半个月第一次生理落果后进行，疏果时先将病虫果、畸形果和小型果全部疏除，摘除过密果，使留下的果均匀分布于结果枝上，一般5～8cm留1个果，每亩产量控制在2000kg左右。

8.4 花期防冻

杏树花期遇到霜冻天气，在杏园熏烟可防霜冻。熏烟防霜的关键是掌握霜冻发生的准确时间，以天气预报为根据，花期当果园上空气温降到 -1.5℃，幼果期降到0℃且30min内温度继续下降时，即可点燃发烟材料，如30min内不再下降，则不必点燃。霜冻多发生在凌晨2:00~4:00，事先将发烟材料如落叶、杂草、农作物秸秆等堆在果园上风头，每堆大约用柴草25kg，每亩杏园设2~4堆，以烟雾能覆盖全园为度。有条件地方可使用烟雾剂防霜。发烟剂配方是将硝铵、柴油、锯末按3:1:6的重量比混合，分装在牛皮纸袋内，压实封口，每袋1.5kg，可放烟10~15min，控制2亩果园。烟雾剂可灵活放置，使用时支挂在上风头引燃即可。

8.5 推迟花期

10月中旬喷布100~200mg/kg乙烯利，可推迟下一年花期5~7天；花芽膨大期喷500~1500mg/kg青鲜素，可推迟4~6天；花芽膨大期浇透水或连续喷水，可延迟花期3~4天；花芽露白时喷生石灰与水按1:5比例配成的石灰浆，加少许豆浆等黏着剂，可推迟5~6天。在预报有霜冻的前几天进行杏园灌水，或在霜冻来临前开动喷灌设备空中喷水也可延迟花期。

9 病虫害防治

9.1 防治原则

积极贯彻“预防为主，综合防治”的原则。以农业和物理防治为基础，提倡生物防治，按照病虫害的发生规律和经济阈值，科学使用化学防治技术，有效控制病虫害。

9.1.1 农业防治和人工防治

合理施肥、灌水、增施有机肥、合理负载、保证树体健壮，提高树体抗病能力，合理修剪，保证树冠通风透光良好。采取剪除病虫枝、清除枯枝落叶、翻树盘、地面秸秆覆盖、地膜覆盖、刮除老翘皮和腐烂病斑，并涂抹3~5波美度石硫合剂，促进伤口愈合，避免流胶，科学施肥等措施抑制或减少病虫害发生。用糖醋液、黑光灯、振频式杀虫灯、树干绑草把等方法诱杀害虫；保护瓢虫、捕食螨、草蛉等益虫。

9.1.2 化学防治

以矿物源、植物源、生物源药为主，严禁使用剧毒、高毒、高残留或是有致畸、致癌、致突变的农药。

禁止使用的农药有：甲拌磷、乙拌磷、久效磷、对硫磷、甲胺磷、甲基对硫磷、甲基乙硫磷、氧化乐果、磷胺、克百威、涕灭威、灭多威、杀虫脒、三氯杀螨醇、克螨特、滴滴涕、六六六、林丹、氟化钠、氟乙酰胺、福美胂及其他杀虫剂。

限制使用的主要农药有：48%乐斯本乳油(毒死蜱)、50%抗蚜威可湿粉、25%辟蚜雾水分散粒剂、2.5%功夫乳油(三氟氯氰菊酯)、20%灭扫利乳油(甲氰菊酯)、30%桃小灵乳油(增效氰马)、50%杀螟硫磷乳油(杀螟松)、10%歼灭乳油、20%氰戊菊酯乳油(速灭杀丁)、25%溴氰菊酯乳油(敌杀死)。限制使用的农药，每种每年最多使用1次，施药距采收期间隔应在30天以上。

9.2 主要病害防治

9.2.1 杏疔病

在休眠期，及时剪除病枝病叶，集中烧毁。萌芽前喷5波美度石硫合剂，生长季内，及时剪除发现的病枝，予以集中销毁(必须在雨季前完成)。

9.2.2 细菌性穿孔病

加强栽培管理，增强树势，提高树体抗病力；清扫果园，集中烧毁枯枝落叶。早春发芽前，喷5波美度石硫合剂，展叶后和发病前喷1%中生菌素400～600倍液，或72%硫酸链霉素3000倍液，两种药交替应用，每隔15天喷1次共喷3～4次。

9.2.3 流胶病

加强栽培管理，增施有机肥及磷钾肥，增强树势；合理修剪，减少枝干伤口；防治枝干病虫害；及时排涝防旱，改善土壤理化性能；枝干涂白，预防冻害和日灼伤害。生长季喷70%甲基托布津800倍或50%多菌灵600倍液防治。

9.2.4 杏褐腐病

及时清除树上、树下的病果和僵果，剪除病枝，集中深埋或烧毁。早春发芽前喷1次5波美度石硫合剂，在杏树开花70%左右时及果实近成熟时喷70%甲基托布津，或50%多菌灵600～800倍液。

9.2.5 杏疮痂病

发芽前喷5波美度石硫合剂，落花后半个月开始至6月份，每隔15天喷一次80%大生M－45可湿粉剂800倍液，或70%代森锰锌600～800倍液，或75%百菌清600倍液，以上农药交替使用。

9.3 主要害虫及其防治

9.3.1 桃蚜

在果园附近，不宜种植烟草和白菜等农作物，以减少蚜虫的夏季繁殖场所；保护天敌，如瓢虫、食蚜蝇、草蛉、寄生蜂等；在蚜虫发生期喷10%吡虫啉3000倍液。

9.3.2 山楂红蜘蛛

早春发芽前刮老皮或于8月中旬雌螨越冬前主枝上绑草把诱集，于早春出蛰前集中烧毁；出蛰期在树干涂油环，防止害螨上树危害；清扫果园，耕翻土壤；保护天敌；生长季节用石硫合剂、阿维菌素、哒螨灵、克螨特、螨死净等喷雾防治。

9.3.3 杏球坚蚧、桑白蚧

刷掉枝条上的越冬雌虫；保护黑缘红瓢虫；萌芽前用机油乳剂、石硫合剂等防治；采果后喷扑杀磷防治。

9.3.4 舟形毛虫

结合秋翻或刨树盘消灭越冬蛹；幼虫群集期及时人工捕杀；卵期释放赤眼蜂；生长季节用杀螟松、杀铃脲、农用链霉素等药剂防治。

9.4 果实采收

采收时期根据品种特性、用途和市场需求而定。成熟期不一致的品种应分期采收，人工采摘，动作要轻、轻拿轻放，在一株树上采摘顺序是由外至里，自下而上，分批采收。

杏果成熟一般可分三种程度，即可采成熟度、可食成熟度和生理成熟度。杏果发育到该品种果实的固有大小，果面由绿色转为黄绿，阳面呈现红晕，但杏果仍然坚硬时，视为达到可采成熟度；此时杏果内部营养已经完成积累，只是未能充分转化，此时采收，再经过一系列商品化处理后，杏果达到可食的最佳状态，需要远销外地的杏果宜于此时采收。

杏果果面绿色完全退去，呈现出品种固有色调和色相时，果肉由硬变软，并散发出固有的香气时，视为达到了可食成熟度，鲜销或用于一般加工用的杏果应于此时采收。

杏果果肉变得松软，部分果实由树上自然落下，视为达到了生理成熟度；此时杏果虽然有最好的食用风味，但已不能上市销售，失去其商品价值。

杏的分级标准见表4。

表4　鲜食杏质量等级规格指标

项目		特级	一级	二级
基本要求		充分发育成熟，果实完整良好新鲜洁净，无异味，无不正常外来水分、刺伤、病虫果		
色泽		具有本品种成熟时应有色泽		
果型		端正	端正	比较端正无异形果
果面缺陷	碰压伤	无	无	轻微
	药害	无	少许	轻微
	日灼	无	无	轻微
	雹伤	无	无	轻微
	虫伤	无	少许	轻微
	果锈	无	少许	不超过果面1/5
单果重(g)	大型果	≥100	≥90	≥80
	中型果	≥70	≥60	≥50
	小型果	≥45	≥35	≥30
	中熟品种	≥12.5	≥11	≥9.5

注：果面缺陷，一级不超过2项，二级不超过3项。

附录A
杏园病虫害综合防治历

A.1 入冬至发芽前，清除果园内的枯枝、落叶、剪除病枝，集中烧毁，刮除老树皮，清除越冬病源，减少病虫基数。

A.2 发芽至开花前用5波美度石硫合剂喷枝干，防治杏疮痂病、黑斑病、球坚蚧和其他越冬虫卵。蚧类严重的喷5%柴油乳剂。

A.3 在3月中旬至4月初，杏象甲出土上树危害期，利用其假死性，清晨摇树，人工捕杀，并及时喷50%杀螟松1500倍加50%多菌灵600倍的混合液，防疮痂病、黑斑病、细菌性穿孔病。

A.4 4月中旬喷10%吡虫啉3000倍加70%代森锰锌600倍防治疮痂病、细菌性穿孔病及桃蚜。

A.5 6月中旬用1%阿维菌素4000倍液加70%甲基托布津800倍液，防治红蜘蛛、蚧类、黑斑病、细菌性穿孔病等病虫，并人工捕杀红颈天牛成虫。

A.6 7月中下旬，人工捕杀群集而未分散的舟形毛虫，捕杀不便时也可及时喷速幼脲3号25%悬浮剂2500倍液防治。

A.7 果实采收后到10月份防治叶部病害，桑白蚧、球坚蚧等，可喷25%扑虱灵可湿性粉剂1500倍加50%多菌灵可湿性粉剂600倍，视情况喷2次。

A.8 冬季或早春，消除越冬病虫菌源，清扫国内枯枝落叶，剪除病枝、枯枝、虫枝和值果，刮除粗老树皮，集中烧毁或深埋。树干涂白。

DB3704

枣　庄　市　地　方　规　范

DB3704/T 011—2014

无公害花椒生产技术规程

2014－09－10 发布　　　　2014－09－10 实施

枣庄市质量技术监督局　发　布

前　　言

本标准按照 GB/T 1.1－2009 给出的规则起草。

本标准由枣庄市林业工作站提出。

本标准由枣庄市林业局归口。

本标准起草单位：枣庄市林业工作站。

本标准起草人：刘加云、刘伟、惠云、郑良友、赵磊。

无公害花椒生产技术规程

1　范围

本标准规定了无公害花椒(*Zanthoxylum bungeanum*)苗木培育、生产的园地选择与规划、品种、砧木与苗木选择、栽植、土肥水管理、整形修剪、花果管理、病虫害综合防治采收与贮藏保鲜等技术。

本标准适用于枣庄市行政区域范围内的无公害花椒的生产。

2　规范性引用文件

下列文件对于本文件的应用是必不可少的。凡是注日期的引用文件，仅所注日期的版本适用于本文件。凡是不注日期的引用文件，其最新版本(包括所有的修改单)适用于本文件。

GB 5084　农田灌溉水质标准

GB 15618　土壤环境质量标准

GB 3095　大气环境质量标准

GB 4285　农药安全使用标准

GB/T 8321(所有部分)　农药合理使用准则

NY/T 393　绿色食品 农药使用准则

NY/T 394　绿色食品 肥料使用准则

NY/T 496　肥料合理使用准则通则

3　苗木培育

3.1　采种

花椒树品种较多，采种时应选 10 年龄以上生长健壮、结果早、产量高、品质优良的植株作为采种母树，采收的种子要晾干、不能暴晒。

3.2　圃地选择和准备

花椒喜温，尤喜深厚肥沃、湿润的沙质壤土，在中性或酸性土壤中生长良好，在山地钙质壤土上生长发育更好。因此，要选择地势平坦、水源方便、排水良好、土层深厚而土壤结构疏松的中性或微酸性的沙质壤土作为育苗基地。选农耕地为育苗地时，前茬作物切忌为白菜、玉米、马铃薯、瓜类等须根系作物，宜选择豆类等直根系作物或经过伏耕冬灌的间歇地为好。黏重和盐碱度偏高的土壤，不宜选作育苗地。

花椒播种前要事先对苗圃地进行深翻、平整，通常翻耕深度 35 ~ 40cm 为宜，做成宽 1.0m、长 10.0m 的苗床，每亩施底肥 2500kg，每床条播四行，行距 20cm，沟深 5cm，沟底要平整。

3.3　种子处理

花椒种子一般于前一年 8 月中旬至 10 月上旬果实外皮全部呈紫红色，内种皮黑色时即可采收，之后经净种贮藏。花椒种子厚被油脂保护层，影响发芽和出圃，因此必须做好播前脱油处理。脱油方法为：

3.3.1 配制溶液

将200g洗衣粉加温水溶化，然后对50kg冷水搅匀，倒入水缸或水盆内，水温50～60℃。

3.3.2 搓油

将要处理的种子倒入洗衣粉溶液里,用木棒等反复捣搓,搓至种皮的亮黑色成褐色为止。

3.3.3 浸泡清洗

溶液中因混有搓掉的油质，黏度较大，搓洗后，用清水浸泡6～10h，软化种皮，再用清水反复冲洗，直至种皮无油质。如需春播，要将种子沙藏层积，沙藏的方法是将种子与3倍的湿沙混合，湿度是手握成团，松手即散，但不滴水。在阴凉背风排水良好的地方挖深50～60cm，宽60～80cm，长度依种子数量而定。放种子前先在沟底放5～10cm厚的湿沙，然后放入混合的沙种，每20～30天检查一次，干燥时及时加水。

3.4 播种

播种进行秋播和春播。秋播可随采随播。春播在播前15～20天左右将混合的沙和种子移到向阳温暖处堆放，堆高不超过30～40cm，盖以塑料薄膜或草席，洒水保湿，1～2天倒翻一次，萌动时播种。播种深度1cm，然后覆草3～4天，出苗后揭去覆草。

3.5 田间管理

初出幼苗弱小，杂草旺盛，要顺行间及时拔草。当幼苗长到4～5cm时做好浇水、间苗定苗工作，株距10～15cm，每平方米留苗40～45株，每亩出苗3万株左右。6～7月份追肥3次，每次每亩追施尿素10～15kg、硫酸铵20～25kg。弱苗可多追一次。

4 建园

4.1 园地选择

花椒最适宜在pH6.5～8.0的沙壤土上生长，以pH7～7.5为宜。适宜于深厚疏松、排水良好的沙质壤土和石灰质山地，山顶或地势低洼易涝处和重黏土壤上不宜栽植。应选在山坡下部的阳坡或半阳坡，尽量选坡势较缓、坡面大、背风向阳的开阔地。土壤厚度要在50cm以上。

花椒园应建立在远离污染的地方，大气环境质量标准符合国家(GB 3095)的标准，见表1；土壤环境要求达到GB 15618标准，见表2；水源应符合GB 5084的农田灌溉水质标准，见表3。

表1 大气环境质量标准

项目		日平均指标	1h平均指标
总悬浮颗粒物(TPS)(标准状态)，mg/m^3	≤	0.3	—
二氧化硫(SO_2)(标准状态)，mg/m^3	≤	0.15	0.50
氮氧化物(NOx)(标准状态)，mg/m^3	≤	0.12	0.24
氟化物(F)，$\mu g/(dm^2 \cdot d)$	≤	月平均10	—
铅(标准状态)，$\mu g/m^3$	≤	季平均1.5	

表 2　土壤环境标准

项目		指标
总汞，mg/kg	≤	0.30
总砷，mg/kg	≤	40
总铅，mg/kg	≤	250
总镉，mg/kg	≤	0.30
总铬，mg/kg	≤	150
六六六，mg/kg	≤	0.5
滴滴涕，mg/kg	≤	0.5

表 3　灌溉水质标准

项目		指标
氯化物，mg/L	≤	—
氰化物，mg/ L	≤	0.5
氟化物，mg/L	≤	3.0
总汞，mg/L	≤	0.001
总砷，mg/L	≤	0.10
总铅，mg/L	≤	0.10
总镉，mg/L	≤	0.005
铬(六价)，mg/L	≤	0.10
石油类，mg/L	≤	10
pH		5.5 ~ 8.5

4.2　整地

平地整地可采用通沟整地和挖大穴整地。大穴整地穴一般要求 50 ~ 60cm²，通沟整地沟宽为 0.6 ~ 0.8m、深 50 ~ 60cm 。山地可采用沿等高线水平通沟整地，沟宽一般为0.6 ~ 0.8m，也可大穴整地，穴要求 50 ~ 60cm²。回填时将作物秸秆和有机肥混合生土放在下部，熟土放上部，不打破土层。有机肥的施用量一般每穴 25 ~ 30kg。整地的时间最好在先一年或提前一个季节进行。

4.3　主要品种和苗木要求

主要栽培品种有：‘大红袍’、‘大花椒’、‘小红袍’等。苗木的苗高 70cm 以上，地径 1.0cm 以上，根系发达，顶芽饱满，无病虫害和机械损伤。

4.4　栽植密度

依栽培方式、立地条件、栽培品种和管理水平不同而异。在干旱地区栽植密度可用 3m × 4m、2m × 4m、2m × 3m，每亩株数分别为 74、83 和 111 株。立地条件好，土层深厚或进行间作套种，栽植密度可用 4m × 5m 或 3m × 4m，每亩株数分别为 33 株和 55 株。山地较窄的梯田，则应灵活掌握，一般是梯面栽 1 行，梯面大于 4m 时，可栽 2 行，株距为 4 ~ 5m。

4.5 栽植

春季和秋季均可栽植。春季栽植于土壤解冻后至苗木萌芽前进行，冬季栽植于落叶后至上壤冻结前进行。栽前苗木要在清水中浸泡24h。栽植深度以比苗木原土痕深2~3cm。栽后浇定根水，水渗完后覆土，同时覆盖80~100cm^{2}的地膜。

5 土肥水管理

5.1 土壤管理

花椒一般采用清耕制，每年进行2~3次中耕锄草，中耕深度为3~5cm。冬季进行浅刨翻园，通过浅刨将土壤中越冬害虫翻出冻死或被鸟类取食，翻园深度一般为15~20cm为宜，浅刨在土壤封冻前进行。

坡地或丘陵区无灌水条件，可树盘覆膜或树盘覆草。覆膜一般在春季进行，大小以全部覆盖树盘为宜；覆草夏秋季节均可进行，覆盖材料可用麦秸、麦糠、玉米秸、杂草等，把覆盖物覆盖在树冠下，厚度15~20cm，上面压少量土，每亩用量1500~2000kg。注意根茎周围20cm不覆草。连续覆草3~4年后翻压1次。

5.2 施肥管理

5.2.1 基肥

在摘果后立即进行，以施有机肥为主，混入磷肥。数量多少，按树的大小确定，一般5年生以下幼树，每株施有机肥10~15kg，初盛果期以后的树，每株施农家肥15~20kg，盛果期的树可施20~30kg。施肥方式可进行条状或环状沟施，将化肥和农家肥混合后添加表土施入。

5.2.2 追肥

一年2~4次，即花前肥、花后肥、壮果肥、采果肥。前期以施氮素肥，后期以磷钾肥为主。追肥的方法是在树冠周围进行环状沟施入。

5.2.3 叶面喷施

一般在6、7月份叶面喷肥2~3次，喷施的肥料为0.5%的尿素液，9、10月份叶面喷施磷酸二氢钾，每隔10~15天喷1次，连续3次，喷施浓度为0.3%。

5.3 灌溉和排水

每年在发芽前、花期、秋季施肥及封冻以前各浇1次透水。平地花椒园，雨季要及时排水，以防积水过多，影响花椒生长。

6 花果管理

6.1 花期喷施

①盛花期叶面喷10mg/kg的赤霉素。②盛花期、中花期喷0.3%磷酸二氢钾加0.5%尿素水溶液。③落花后每隔10天喷0.3%磷酸二氢钾加0.7%尿素水溶液。

6.2 疏花疏果

盛果期的花椒树，应适时进行疏花疏果。花序刚分离时为疏花疏果最佳时期，整序摘除。

7 整形修剪

7.1 整形

花椒树形一般采用自然开心形和丛状形。丛状形就是栽后截干，使根颈部抽生较多枝条成丛，或一穴栽植 2 ~ 3 株。全部成活后自然生长成丛状。这种树形的树冠成形快，早丰产，但长成大树后，因主干多，枝条拥挤，光照差，产量下降。自然开心形是全树有一个高 30 ~ 60cm 的主干，主干上着生 3 ~ 4 个方位角互为 90° ~ 120°的主枝。主枝与主干延伸轴线的夹角为 50° ~ 60°。每个主枝上分别配置 1 ~ 2 个大型侧枝。第一侧枝距主干50 ~ 60cm，第二侧枝距第一侧枝 40 ~ 50cm。3 ~ 4 年后，树高和冠幅控制在 2 ~ 2.5m，呈自然半圆开心形。

7.2 修剪

花椒的修剪，一般可分为冬季修剪和夏季修剪两种。

冬季修剪多采用短截、疏剪、缩剪、甩放等方法，剪除徒长枝、干枯枝、病虫枝、过密枝、交叉枝、重叠枝及纤细枝。夏季修剪多采用抹芽、除萌、疏枝、摘心等，去掉过密枝、重叠枝、竞争枝，改善通风透光条件。

7.2.1 幼树的整形修剪

7.2.1.1 定干

立地条件差，栽植密度大，树干宜稍矮，反之，则宜稍高，一般定干高度 50 ~ 60cm，定干时要求剪口下 10 ~ 15cm 范围内有 4 个以上的饱满芽。苗木发芽后，要及时抹除整形带以下的芽子，如果栽植 2 年生苗木，在整形带内已有分枝的，可适当短截，保留一定长度，培养主枝。

7.2.1.2 第一年修剪

新梢长到 30 ~ 40cm 以上时，初步选定 3 ~ 5 个主枝。其余新梢全部摘心，控制生长，作为辅养枝。冬季修剪主要是主枝的选留和辅养枝的处理。主枝间隔 15cm 左右，且向不同方位生长，使其分布均匀。主枝开张角度宜在 35°左右。水平夹角和开张角度不符合要求时，可用拉枝、支撑或剪口芽调整的办法解决，主枝间的长势力求均衡。冬剪时主枝一般保留长度为 35 ~ 50cm。主枝以外的枝条，凡重叠、交叉、影响主枝生长的从基部疏除，不影响主枝生长的可适当保留，利用其早期结果，待以后再根据情况决定留舍。

7.2.1.3 第二年的修剪

对各主枝的延长枝进行短截，剪留长度为 45 ~ 50cm。要继续采用强枝短截，弱枝长留的办法，使主枝间均衡生长。如果竞争枝和延长枝长势相差不大时，一般应对竞争枝重短截，过一二年后再从基部剪除。应注意剪口芽的方向，用剪口枝调整主枝的角度和方向。主枝上的第一侧枝距主干 30 ~ 40cm，侧枝宜选留斜平侧或斜上侧枝。侧枝与主枝的水平夹角以 40°左右为宜。各主枝上的第一侧枝，要尽量同向选留，防止互相干扰。对生长健壮的树，夏季要控制竞争枝和主侧枝以外的旺枝，方法是对过旺的竞争枝和直立枝及早疏除，其余新枝可于 6 月中下旬摘心或剪截，使其萌发副梢，成为结果枝或结果枝组。

7.2.1.4 第三年的修剪

各主枝上的第二侧枝，一般剪留 50 ~ 60cm。继续控制竞争枝，均衡各主枝的长势。同时注意各主枝的角度和方向，使主枝保持旺盛的长势。各主枝上的第二侧枝，要选在第一侧枝对面，相距25～30cm，最好是斜上侧或斜平侧。第二侧枝的夹角，以45°～50°为宜。对于骨干枝以外的枝条，在不影响主枝生长的情况下，应尽量多留，增加树体总生长量，迅速扩大树冠。

7.2.2 结果初期修剪

此期树体生长仍很旺盛，树冠继续扩大，花芽量增加，结果量递增，一般为4～5年。继续采用幼树期的修剪措施，控制好竞争枝、骨干枝，注意骨干枝的开角，疏除徒长枝，利用夏季修剪措施处理新生枝条，培养结果母枝，利用好辅养枝，注重控冠、打开光路。

7.2.3 盛果期修剪

盛果期树冠已经形成，产量显著增高，此期修剪应视树势具体情况运用修剪手段，调节生长与结果的平衡，采用集中与分散相结合的修剪方法，调整结果母枝留量，适当疏枝，及时回缩顶端枝，控制结果部位外移和树冠过度扩展，保持树冠覆盖率在80%左右。弱树实行集中修剪，方法是多疏枝，少留先端旺枝，减少生长点，以集中养分，使弱枝转强，使不结果枝转化为结果枝。树势强旺的采用分散修剪，适当多留枝，以分散树体营养，缓和过强的树势和过旺枝生长，分散顶端优势。

7.2.4 衰老期修剪

此期的修剪主要是对各类枝进行轮替更新修剪，保持长势及老弱枝复壮。对于多年放任生长管理不当的花椒树，因树体过于高大，交接，内膛空虚，树势极度衰老时，要采取大更新修剪，回缩大枝，去除枯死大枝，树桩。更新回缩骨干枝至大枝分权处。翌年，从剪口隐芽萌发的新梢中，及时抹除过密枝，选发育充实斜向生长的强旺枝，进行摘心等夏剪措施，培养未来的骨干枝延长头，选留适当的小枝培养枝组，更新重回缩截面大伤口，要涂抹石硫合剂原液保护。

8 主要病虫害防治

8.1 花椒叶锈病

①加强栽培管理，增强树体抗病能力。②在秋末冬初及时剪除病枝枯枝，清除园内及树下的落叶杂草，集中烧毁，减少越冬病菌源。③发病初期，喷施100～200倍波尔多液。发病期，喷施65%可湿性代森锌粉剂400～500倍液或20%粉锈宁500～800倍液。

8.2 花椒根腐病

①加强树势和肥水管理，增强花椒树体抗病能力；秋冬季清园，剪除病枝病叶，集中烧毁。②多雨季节注意排水，防止园地积水。③发病初期50%甲基托布津可湿性粉剂500～800倍液或70%代森锰锌500～800倍液灌根。

8.3 烟煤病

①保持园内通风透光，抑制病菌的生长、蔓延。②及时防治蚜虫、介壳虫，消除病菌营养来源，抑制病害发展。③发病初期，喷施0.3～0.4波美度石硫合剂或200倍波尔多液。

8.4 花椒枝枯病

①严格控制蛀干害虫，防治枝干损伤，同时采取枝干涂白清毒，尽量减少病菌人。②加强修剪，剪除病枝、集中烧毁。③早春喷施100～200倍波尔多液或50%多菌灵可湿性粉剂500～600倍液。

8.5 炭疽病

及时除草、修剪，注意通风透光，早期喷施波尔多液200倍液预防。发病期喷施75%百菌清可湿性粉剂600～800倍液或50%多菌灵可湿性粉剂500～600倍液。

8.6 蚜虫

在开花初期和果实膨大期各喷药1次。可选用10%吡虫啉可湿性粉剂2500～3000倍液喷雾防治，也可结合叶面施肥用尿素400g、洗衣粉100g加水50kg喷雾防治。

8.7 虎天牛

每年6～7月是成虫盛发期，可采用人工捕捉成虫、剪掉虫枝集中烧毁，也可用棉球蘸50%辛硫磷乳油塞入虫孔。

8.8 花椒茎蜂

开花前喷1次15%溴氰菊酯乳油800～1000倍液；花椒谢花后，喷施1次50%辛硫磷800～1000倍液，10天后再喷1次。

9 果实采收与制干

色泽由绿白色变为鲜红色且呈现油光光泽时，是采收的最佳时期。采摘时注意不要伤害着生果穗的小枝。花椒采后要根据天气预报，选准晴朗天气，天气不好时可在室内遮光存放。晾晒场最好为水泥地板，条件不具备时可在四处无遮挡的场地，铺上雨布再摊开晾晒。晒干后，果皮从缝合线处开裂，只有小果梗处相连，这时可用细木棍轻轻敲打，使种子与果皮分离，再用簸箕或筛子将果皮与种子分离，然后分别包装，放在阴凉通风处保存。
